Thomas Kramp

Massenbewegungen in den Alpen

GRIN Verlag

Bibliografische Information der Deutschen Nationalbibliothek:

Die Deutsche Bibliothek verzeichnet diese Publikation in der Deutschen Nationalbibliografie; detaillierte bibliografische Daten sind im Internet über http://dnb.d-nb.de/ abrufbar.

Impressum:

Druck und Bindung: Books on Demand GmbH, Norderstedt Germany
ISBN: 978-3-640-43342-1

Dieses Buch bei GRIN:

http://www.grin.com/de/e-book/134781/massenbewegungen-in-den-alpen

Massenbewegungen in den Alpen

Thomas Kramp

Geografie (Dipl.)

9. Fachsemester

Oberseminar physische Geographie I

Naturgefahren und Naturkatastrophen

Wintersemester 2008/09

Inhalt

Abbildungs- und Tabellenverzeichnis

1. Einleitung

Thema der folgenden Belegarbeit sind Massenbewegungen in den Alpen.

Zunächst sollen die verschiedenen Faktoren der Hangstabilität und deren Unterteilung vorgestellt werden. Hierbei wird ein besonderes Augenmerk auf die Entstehung und Geologie der Alpen gelegt, da hier spezifische Ursachen für Massenbewegungen in den Alpen liegen. Daran anschließend werden verschiedene Formen von Massenbewegungen vorgestellt, wobei Bergstürze anhand dreier Beispiele näher erläutert werden sollen.

Massenbewegungen gehören zu den naturgesetzlichen geomorphologischen Prozessen im Hochgebirge (Fischer, 1999, S. 1). Sie sind integrale Bestandteile des Landschaftshaushaltes natürlicher alpiner Ökosysteme und gehören zum Erscheinungsbild und Charakter der Alpen (ebd.). Erst bei Kontakt mit anthropogenen Aktivitäten werden sie als Beeinträchtigung oder gar als Naturgefahr bewertet (Becht, 1995, S. 1). Aus solchen Naturereignissen wird, wenn die Vorgänge: „... die Selbsthilfefähigkeit der betroffenen Region deutlich übersteigen und überregionale oder internationale Hilfe erforderlich machen." eine Naturkatastrophe (Dikau, 2001, S. 44). Gerade die Alpen als Lebens- und Transitraum im Zentrum (Barnickel, 2004, S. 17) Europas unterstreichen diesen Zusammenhang. Mittlerweile gehören manche Talregionen der Alpen zu den am dichtesten besiedelten Gebieten Europas, obwohl hier seit alters her zahlreiche Naturgefahren drohen (ebd.). Gleichzeitig zählen die alpinen Regionen, aufgrund ihrer sensitiven geologischen Formationen und mittelsteilen bis steilen Hängen, zu den Gebieten mit einer besonderen Disposition für gravitative Massenbewegungen (Dikau, Glade, 2003, S. 98). Durch eine Ausweitung der Nutzung und en Eindringen des Menschen in Gefahrenzonen kommt es zu einer Gefahrenzunahme und erhöhten Anzahl von Schadensfällen (Fischer, 1999, S. 2).

Massenbewegungen wie Berg- oder Felssturz und Steinschlag setzten mit dem Abschmelzen der würmzeitlichen Eismassen und dem Weichen des Permafrostbodens ein (Nationalparkverwaltung Berchtesgaden, 2005, S. 146). Die meisten großen Bergstürze gingen im ausgehenden Pleistozän, hauptsächlich im Spätglazial nieder (Abele, 1974, S. 149). Zum einen hatten das Gletschereis durch Erosion die Hangfüße übersteilt (Jerz, von Poschinger, 1995, S. 392), zum anderen fehlte nach dem Abschmelzen das Eiswiderlager und damit der Auflagedruck auf den Hängen (Abele, 1974, S. 149). In der aktuellen Forschung wird letzteres in seiner Bedeutung für Massenbewegungen aber mittlerweile kritischer gesehen. Die Theorie von den Gletschern als Wiederlager in den ansonsten instabilen (Trog-)Tälern, welche die

Talflanken stützten, trifft nicht auf alle Massenbewegungen zu. So ergab eine ^{14}C Datierung des Eibseebergsturzes ein Alter von ca. 3700 Jahren (Dikau, 2001a, S. 45), was weit nach dem Verschwinden der Gletscher liegt. Eine andere Untersuchung von 230 Bergstürzen in den Alpen zeigte allerdings, dass zumindestens die Hälfte von ihnen in der ersten Warmphase am Ende der letzten Eiszeit stattfand (Gruner, 2008, S. 147), was wiederum nach Meinung Gruners, für die Bedeutung der Hangentlastung durch den Gletscherrückgang spricht (ebd.). Als Grund dafür, dass z. B. der Eibseebergsturz nur ein Alter von 3700 Jahren aufweist, verweisen andere Autoren darauf, dass der Verlust der hangstabilisierenden Kräfte bis zum Eintritt eines Bergsturzes einige Zeit in Anspruch genommen haben möge (Angeli et al, 1996, S. 199). Andere Theorien zur Auswirkung der Gletscherschmelze des Spätglazials und frühen Postglazials auf Massenbewegungen beziehen sich zum einen auf die Schmelzwässer, welche aufgrund ungenügender Entwässerungsmöglichkeiten zu einer Durchfeuchtung der tieferen Hangpartien geführt haben und damit die Talfahrt von Massenbewegungen begünstigte. (Abele, 1974, S. 149). Zum anderen trug aber auch das Abschmelzen des Permafrostes, in den über die ehemalige Gletscheroberfläche aufragenden Wandpartien, zu Felsstürzen bei (ebd.).

2. Faktoren der Hangstabilität

Für die Stabilität eines Hanges ist eine Fülle von Parametern ausschlaggebend (Nationalparkverwaltung Berchtesgaden, 2005, S. 158). Die folgende Abbildung zeigt diese und deren verschiedene Ausprägungen.

Abbildung 1: Faktoren der Hangstabilität

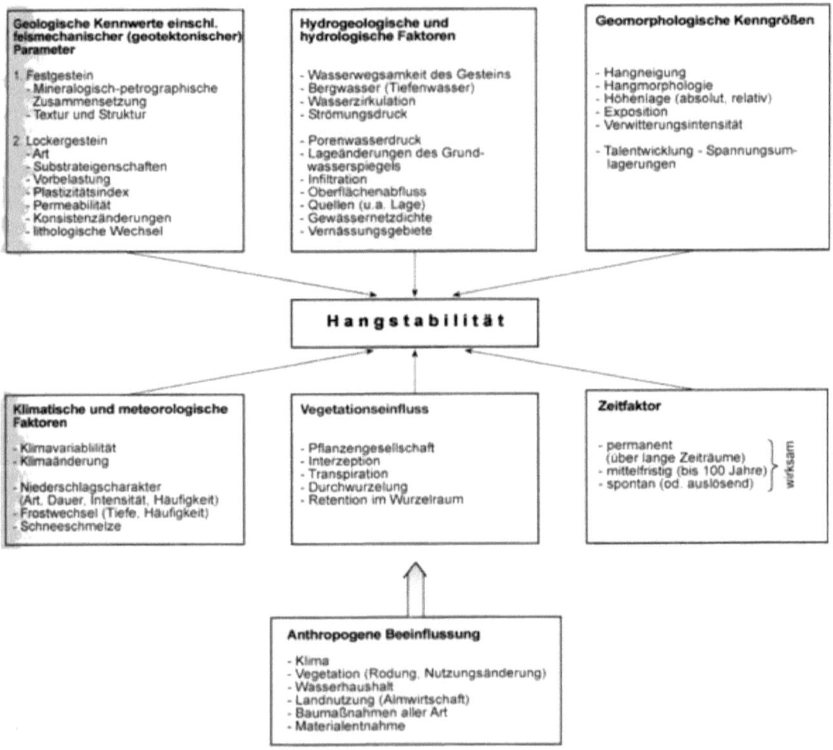

Quelle: Nationalparkverwaltung Berchtesgaden, 2005, S. 157

Insbesondere geologischen Gegebenheiten wie dem Trennflächengefüge und damit der Ausbildung, Dichte und räumliche Anordnung von Diskontinuitäten im Gestein, welche nicht zuletzt auch die Hydrogeologie des Hanges beeinflussen, wird eine große Bedeutung zu-

gemessen (ebd.). So beeinflussen bspw. Porenvolumen und Kluftdichte der Gesteine die Steinschlagintensität (Sass, 1998, S. 156). Ein besonders wichtiger hydrologischer Parameter ist der hydraulische Druck des Kluft- oder Trennfugenwassers bzw. bei Lockergesteinen des Porenwassers, wenn es hier zu einem Überdruck kommt, kann dieses zur Instabilität des Hanges führen und damit Massenbewegungen auslösen (Nationalparkverwaltung Berchtesgaden, 2005, S. 158 ebenso Abele, 1974, S. 64). Wasser spielt insbesondere im Zusammenspiel mit einer hangauswärts fallenden wechselnden Lagerung kompetenter und inkompetenter Schichten eine entscheidende Rolle (Doniè, 1990, S. 14). Wenn durch ein Aufreißen des Bergkörpers bereits bestehende Klüfte erweitert werden, ermöglicht dieses einen stärkeren Zufluss des Wassers zu den Gleitschichten und führt damit zu einer nachhaltigen Destabilisierung des betroffenen Hanges (ebd. ebenso Jaritz et al, 2004, S. 180).
Neben dem Wasser bspw. durch Niederschlag treten auch andere meteorologische Faktoren als Ursachen von Massenbewegungen in Erscheinung. Für Sturzereignisse spielen insbesondere Frost-Tau-Zyklen, Temperatur aber auch Winddruck oder Permafrost eine Rolle (Gruner, 2008, S. 151). So ist sowohl für sommerliche Frostwechselperioden, als auch für niederschlagsreiche Perioden eine Erhöhung der Steinschlagtätigkeit zu beobachten (Sass, 1998, S. 157). Während kalter Temperaturen öffnen sich, infolge von Gesteinskontration, Klüfte und Risse, im Verlauf eines Tages kann es dabei zu Schwankungen von bis zu 1 mm kommen (Gruner, 2008, S. 151). Durch die immer wiederkehrende Deformation kommt zu einer Zerstörung von Gesteinsbrücken und damit zu einer „Entfestigung“ des Gebirges (ebd., S. 153). Wärmeren Temperaturen dagegen sorgen für eine Stagnation oder ein Schließen der Spalten (ebd.). Dieses wiederum stärkt u. a. die Widerständigkeit der betroffenen Felspartien gegen Starkregenereignisse, indem es ein Eindringen destabilisierenden Wassers verhindert (ebd.). Frost-Tau-Zyklen stellen eine Kombination der beiden Faktoren Temperatur und Wasser dar (ebd., S. 155). Sie führen ebenfalls zu einer Ermüdung von Gesteinsbrücken und anderen zurückhaltenden Kräften und lösen vor allem kleinvolumige Stürze aus (ebd.). Winddruck ist vor allem im Wurzelbereich schwerer Bäume wirksam, hier kommt es durch Wippbewegungen zu einer Felsauflockerung (ebd.). Auf Permafrost bzw. dessen Degression lassen sich ebenfalls Sturzereignisse zurückführen, allerdings spielt er nur in Bereichen über 2500 m ü. M. eine Rolle (ebd.).
Auch geomorphologische Faktoren wie Hangneigung, Höhenlage oder Talentwicklung beeinflussen die Stabilität eines Hanges (Nationalparkverwaltung Berchtesgaden, 2005, S. 158). Die folgende Abbildung zeigt den Einfluss der Exposition eines Hanges auf die Steinschlag-

tätigkeit. Es wird deutlich, dass an nordexponierten Hängen die Steinschlagmenge wesentlich größer ist als an südexponierten Hängen, Ursache hierfür ist die stärkere Wirkung der Frostverwitterung (Sass, 2005, S. 60).

Abbildung 2: Hangexposition

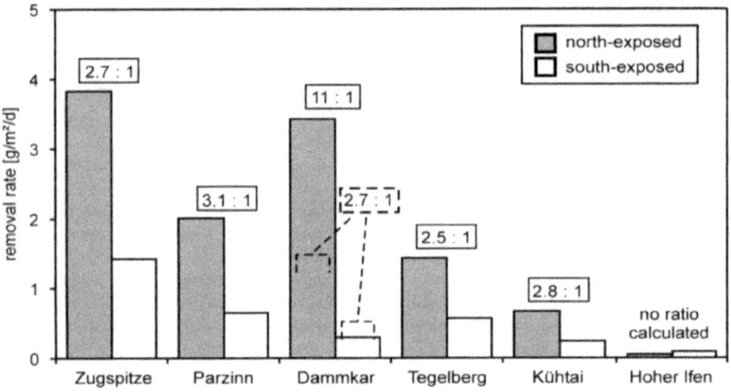

Quelle: Sass, 2005, S. 60

Andere Beispiele für die Bedeutung einzelner Faktoren sind z. B. der Zusammenhang zwischen Korngröße bzw. Niederschlag und der Auslösung von Hangmuren (Becht, Hagg, 2000, S. 90). Zum einen entscheidet das Gestein durch seine Verwitterungsprodukte ob überhaupt Muren entstehen können, während der Niederschlag als Auslöser für Muren dient (ebd., S. 91). Die eben beschriebenen Ursachen und Steuerungsgrößen von Massenbewegungen lassen sich in drei Gruppen unterteilen (Dikau et al, 2001b, S. 118). Es werden hierbei vorbereitende, auslösende und kontrollierende Faktoren unterschieden (ebd.). Vorbereitende Faktoren disponieren einen Hang für Massenbewegungen, sie destabilisieren den Hang und überführen ihn in einen Zustand nahe der Grenzbedingung, ohne jedoch eine Hangbewegung auszulösen (ebd.). Auslösende Faktoren initiieren eine Massenbewegung durch überschreiten des Grenzgleichgewichts, die Massenbewegung wird gesteuert durch verschiedene Kontrollfaktoren, welche verantwortlich sind für Volumen, Geschwindigkeit und Reichweite der bewegten Masse (ebd., S. 119). Die folgende Tabelle zeigt eine Auswahl von Beispielen der verschiedenen Faktoren, anschließend illustriert eine Abbildung das Zusammenwirken dieser drei Faktorengruppen.

Tabelle 1: Beispiele für vorbereitende, auslösende und kontrollierende Faktoren

Ursache	vorbereitende Faktoren (Disposition)	auslösende Faktoren (Trigger)	bewegungskontrollierende Faktoren
Geologie	Diskontinuität[1], bspw. Schichtung strukturelle Diskontinuität[1], bspw. streichen, tektonische Störung Verwitterung Isostasie	Erdbeben Vulkanausbrüche	Gesteinstypen Diskontinuität[1], bspw. Schichtung strukturelle Diskontinuität[1], bspw. streichen, tektonische Störung
Klima	lang anhaltender Vorregen Schneeschmelze Frost-Tau Zyklen	Niederschlag[1] (Intensität, Menge) Schnelle Schneeschmelze	Niederschlag (Intensität, Menge)
Boden	Verwitterung Geotechnische Materialeigenschaften Bodenart und –typ Schrumpf- und Schwellzyklen	nicht zutreffend	Wassersättigung Mächtigkeit des Bodens
Vegetation	natürliche Vegetationsänderung[1], bspw. Waldbrand, Trockenheit	nicht zutreffend	Vegetation
Hydrologie	schmelzender Permafrost	schnelle Schwankung des Grundwasserspiegels Porenwasserdruck	Gerinnerauigkeit Weitertransport bewegter Massen
Topografie	Hangexposition[1] Hanghöhe[1]	nicht zutreffend	Hangneigung[1] Hangwölbung[1] Tiefenlinien[1]
Antropogen	Entwaldung Staudammbau Entfernung des Hangfußes Belastung des Oberhanges Bewässerung Bergbau künstliche Bewegung, bspw. Sprengung undichte Wasserversorgung	Hanganschnitte[1] Hangunterschneidung[1] Auflast[1]	künstliche Verbauung Dämme Gerinnebegradigung bzw. -verkleinerung, -vergrößerung

[1] diese Faktoren können, je nach Stabilitätszustand des Hanges, sowohl vorbereitend, auslösend als auch kontrollierend wirken

Quelle: eigene Darstellung nach Dikau, Glade, 2002, S. 39

Abbildung 3: Wirkung der Faktoren

Quelle: Darstellung nach Dikau et al, 2001b, S. 120

Da Bergstürze nachstehend detaillierter erläutert werden, sollen auch ihre Aussagen betrachtet werden. Abele betont die Bedeutung der Gesteinsbeschaffenheit und des Gebirgsaufbaues (Abele, 1974, S. 59), sowie das Vorhandensein von Klüften, Störungen und Schichtflächen für das Eintreten eines Bergsturzes (ebd., S. 60). Als auslösende Faktoren sieht er hauptsächlich Erdbeben und starke Niederschläge (ebd., S. 62). So ist für einige alpine Bergstürze eine Auslösung durch ein Erdbeben belegt, allerdings treten Erdbeben als Auslöser bspw. in den Kordilleren wesentlich häufiger in Erscheinung (ebd., S. 63). Für die Alpen ist der Zusammenhang zwischen Erdbeben und Bergstürzen nicht in allen Regionen gegeben (ebd.).

Der Zusammenhang zwischen ausgiebigen Regenfällen und Bergstürzen ist für Abele wesentlich eindeutiger (ebd., S. 64). Nach langfristigen, starken Regenfällen, welche die Hänge tief durchdringen erfolgt oft die Talfahrt von Bergstürzen (ebd.). Aus diesem Grunde gehen auch im Sommer bzw. an dessen Ende besonders viele Berg- oder Felsstürze nieder, da im Sommer die Hauptniederschlagsmenge in den Alpen fällt (ebd. ebenso Gruner, 2008, S. 148) und die Talhänge dann eine hohe Wassersättigung aufweisen (Abele, 1974, S. 64).

Eindringendes Oberflächenwasser schmiert die Gleithorizonte und begünstigt so die Ablösung der Bergsturzmassen, beim fehlen schmierfähiger Gleithorizonte spielt dagegen Kluft- oder Porenwasser eine große Rolle (ebd.). Ein Beispiel dafür ist die Felsgleitung von Vaiont (ebd.), welche später noch vorgestellt wird. Generell scheint es für Sturzprozesse eine jahreszeitliche Verteilung zu geben, so wie bereits in der Diskussion des Vortrages angesprochen, gibt es eine Häufung von kleineren und mittleren Ereignissen im Spätwinter oder Februar und in den ersten Frühjahrsmonaten März und April (Gruner, 2008, S. 149). Als Ursache hierfür gelten zum einen, die in diesem Zeitraum stattfindenden intensiven Frost-Tau-Zyklen, zum anderen sorgt die Schneeschmelze für einen großen kontinuierlichen Wassereintrag (ebd.). Dies führt zu einem erhöhten Kluftwassserdruck und damit zu einem vergrößerten Druck auf Kluft- und

Ablösungsflächen (ebd., S. 153). Damit einher geht der Abbau oder die Zerstörung stabilisierender Kräfte wie Gesteinsbrücken oder Verzahnung (ebd.). Für große Ereignisse wie Bergstürze nimmt Gruner ebenso wie Abele an, dass diese in den Herbstmonaten wesentlich häufiger auftreten und verbunden sind mit starken und langanhaltenden Niederschlägen (ebd., S. 151).

2.1 Entstehung und Geologie der Alpen

Erste Phase der Alpentstehung vor 200-100 Millionen Jahren ist das auseinanderdriften der Afrikanischen und Europäischen Platte, dabei entstand das Tethysmeer in welchem eine umfangreiche Sedimentation stattfand (Bätzing, 2003, S. 25). Die sich auf dem Boden des Tethysmeeres ablagernden Sedimente verfestigten sich und wurden später zu den Gesteinen umgewandelt, welche heute die Alpen aufbauen (ebd.). In der folgenden Phase der Alpenentstehung vor 100-20 Millionen Jahren bewegte sich die Afrikanische Platte wieder nach Norden, dabei wurde das Tethysmeer zusammengeschoben, zudem staute sich die Afrikanische Platte im Norden an den variskischen Gebirgen des französischen Zentralmassivs, des Vogesen-Schwarzwald-Massivs und der Böhmischen Platte auf (ebd., S. 26). Hierbein schob sich die afrikanische Platte allmählich auf die europäische Platte auf, wobei sich beide keilförmig ineinander verzahnen (ebd.). Bei dieser Überschiebung wurden die Sedimentschichten vom Untergrund gelöst und nach Norden verlagert, sie wurden zu sogenannten Decken (ebd.). Durch Druck und hohe Hitze wurden die Sedimentdecken verfestigt und zusammengefaltet (ebd.). Letzte Phase der Alpenentstehung ist die alpidische Hebung, diese erfolgte durch den weiter zunehmenden Druck der afrikanischen Platte und hält bis heute an, dabei werden die Decken noch weiter nach Norden geschoben und teilweise übereinander geschoben (ebd.).

Bereits die Entstehungsgeschichte der Alpen kann als geologischer Einflussfaktor bzw. Ursachen von Massenbewegungen in den Alpen gesehen werden (Heissel, 1999, S. 84). Im Rahmen der Orogenese der Alpen wurden zahlreiche unterschiedliche Bereiche der Erdkruste aufgefaltet oder übereinander geschoben (ebd.). Dadurch wurden die betroffenen Gesteine in einem Höchstmaß beansprucht, damit einher ging ein hoher Zerlegungsgrad der Gesteine, welcher durch zahlreiche Klüfte und Störungen, welche die Gesteine durchziehen bezeugt wird (ebd.). Im Ergebnis führte all das zu einer teilweisen massiven Schwächung der Gesteine bzw. ganzer Gebirgszüge, wodurch zugleich die Erosion begünstigt wird (ebd.). Als diese Umstände schaffen somit verschiedenste Ansatzpunkte für initiierende Prozesse von Massenbewegungen. Für Steinschlagaktivitäten an tektonischen Störungen wurde stellenweise eine 4-10fach höhere Abtragung registriert (Sass, 1998, S. 156). Aber nicht nur die mechanische Beanspruchung der Gesteine spielt eine Rolle, auch schon die Stapelung ehemals benachbarter Sedimentationsräume stellt eine Ursache dar (Jaritz et al, 2004, S. 174), speziell dann wenn weniger widerständige Schichten, welche sich durch eine verminderte Verwitterungsresistenz und Anfälligkeit für Durchfeuchtung auszeichnen (ebd., S. 180), als Hauptträger der Überschiebung fungieren (ebd., S. 175).

Auch die in den Alpen vorkommenden Gesteinsarten stehen in direkten Zusammenhang zur Häufigkeit und Größe von Massenbewegungen, insbesondere Bergstürzen (Abele, 1974, S. 9, ebenso S. 49). So sind in den Nördlichen und Südlichen Kalkalpen die Bergstürze am häufigsten und in ihrem Umfang am größten (ebd., S. 7). Dies zeigt, dass von allen petrografischen Zonen der Alpen, die Kalkalpen zu den bergsturzanfälligsten gehören (ebd., S. 8). Hinter ihnen zurück stehen dagegen die Alten Massive und die kristallinen Zentralalpen (ebd., S. 7). So ist das Schweizer Aarmassiv bergsturzlos, während die kristallinen Zentralalpen deutlich weniger Bergstürze aufweisen, als die Nördlichen oder Südlichen Kalkalpen (ebd., S. 147). Im Kalk und Dolomit treten somit die meisten und größten Bergstürze auf, während in Gneisen und gneisartigen Gesteinen sowie in metamorphen Schiefern fast nur kleinere Ereignisse zu beobachten sind, deren Volumen in den meisten Fällen nicht größer als 0,5 km^3 ist (ebd., S. 49, 50). Eine Ausnahme stellt hierbei der Bergstutz von Köfels dar, sein Volumen ist fast so groß wie die Summe aller übrigen, von Abele kartierten kristallinen Bergstürze (ebd., S. 148).

Ursache für diese Unterschiede ist, dass im kristallinen Bereich die Kluftkörper stärker in sich verzahnt sind, weswegen hier weniger und kleinere Bergstürze niedergehen (ebd., S. 8). Die erhöhte Häufigkeit und Volumen kalkalpiner Bergstürze wird dagegen darauf zurückgeführt, dass hier sedimentären Bereich oft ein weitmaschiges Netz von Kluft-, Störungs- und Schichtungsflächen vorhanden ist, an welchem Schollen sich lösen bzw. abgleiten können (ebd.). Die Disposition zu Fels- oder Bergstürzen ist folglich durch das in den Nördlichen und Südlichen Kalkalpen zu findende tektonisch vorgeprägte Trennflächengefüge und Schichtflächen, welche als Ablösungsflächen fungieren können vorgegeben (Nationalparkverwaltung Berchtesgaden, 2005, S. 146). Andere Gründe sind Entspannungsvorgänge und Spannungsumlagerungen in den Gesteinskomplexen, deren Ursachen in fluvialen und glazialen

Taleintiefungen und Talerweiterungen und damit einhergehenden Hangversteilungen liegen (ebd.). Solche Entspannungsklüfte und Spalten entstehen vornehmlich in den Randbereichen der Kalkstöcke (ebd.). Begünstigt werden sie durch unterlagernde tektonisch bzw. plastisch verformbare oder inkompetente Gesteine (ebd.). Über diesen Gesteinen kommt es zu einem seitlichen Ausweichen der Auflast, welches u.a. zur Bergzerreißung führen kann (ebd.). Dadurch öffnen sich im Gestein neue Klüfte, in welche Wasser eindringen kann (ebd.). In diesem Fall wird durch die Infiltration großer Wassermengen die Haftreibung an den Trennflächen weiter reduziert, wodurch ebenfalls Massenbewegungen ausgelöst werden können (ebd.). Andere begünstigende Faktoren stellen Schichtstapel dar, welche über weite Strecken bei etwa gleichbleibender Neigung talwärts einfallen, sie finden sich bspw. in den Kalkalpen und bilden eine günstige Voraussetzung für große Bergstürze (Abele, 1974, S. 9, ebenso Nationalparkverwaltung Berchtesgaden, 2005, S. 146). Bei mehr oder weniger horizontaler Schichtlagerung können sich dagegen kaum große Felspakete lösen, weswegen Bergstürze in den Dolomiten keine vergleichbaren Ausmaße erreichen (Abele, 1974, S. 9). Eine weitere Ursache für die größere Häufigkeit und Masse der Bergstürze beruht im Kalk und Dolomit darauf, Spannungen bei Übersteilung der Gehänge über längere Zeit auszuhalten, ohne in kleineren Massenbewegungen zu Tal zu fahren, erst wenn die Übersteilung ein kritisches Maß überschreitet, fährt eine umso größere Bergsturzmasse zu Tal (ebd., S. 50). Metamorphe Schiefer, Gneise und gneisartige Gesteine besitzen im Allgemeinen eine geringere Standfestigkeit und gehen aus diesem Grunde meist in Form kleinerer Fels- und Schuttbewegungen zu Tal (ebd.). Zwar können granitische Gesteine erhöhte Spannungen aushalten, wegen der größeren inneren Verzahnung kommt es aber nicht zur Bildung ausgedehnter Abgleitflächen, an welchen sich umfangreiche Gesteinspakete ablösen könnten (ebd.). Die Untersuchung durch Abele zeigte, dass sich in den Alpen das Verbreitungsmuster von Bergstürzen eng an die petrografischen Zonen anlehnt (ebd., S. 147). Die Abbildungen auf der folgenden Seite stellen noch einmal den Zusammenhang zwischen Gesteinsart, Volumen, Fläche und Häufigkeit von Bergstürzen dar.

Abbildung 4: Gestein und Fläche der Bergsturztrümmer

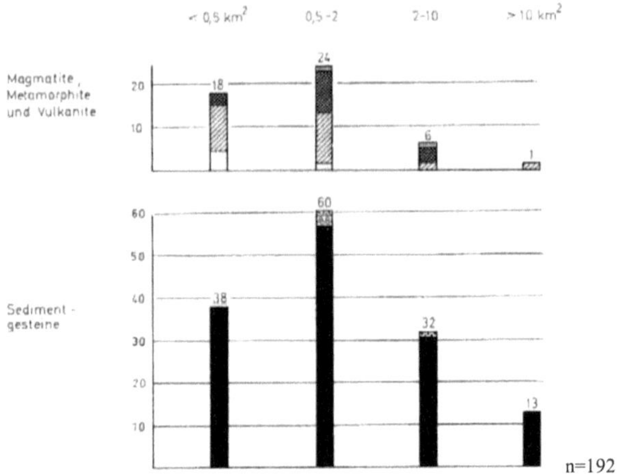

Quelle: Abele, 1974, S. 49

Abbildung 5: Gestein und Volumen der Trümmermassen

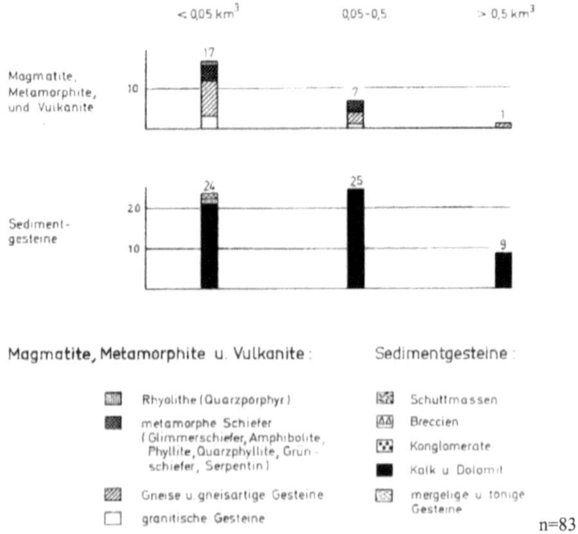

Quelle: Abele, 1974, S. 49

Nicht nur Großereignisse wie Bergstürze sind an die Petrografie gebunden, auch die Steinschlagintensität wird entscheidend durch das Gefüge der jeweiligen Gesteine bestimmt (Nationalparkverwaltung Berchtesgaden, 2005, S. 145). So ist im Dachsteinkalk, auch bei großen Wandhöhen, Sturzdenudation und Sturzhaldenbildung nur schwach ausgebildet, während Dolomite große Mengen von Sturzschutt liefern (ebd., S. 146). Die folgende Abbildung zeigt den Unterschied zwischen Dolomit und Kalkgestein, zugleich wird her auch noch einmal auch der Einfluss des Permafrostes dargestellt.

Abbildung 6: Sturzereignisse in Kalk- und Dolomitgestein

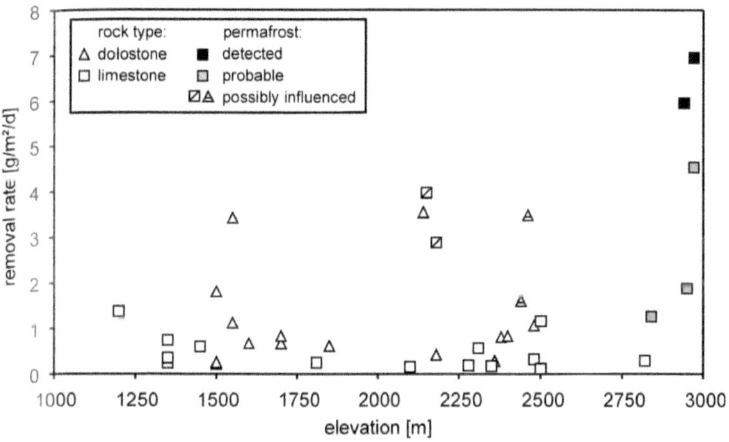

Quelle: Sass, 2005, S. 61

Aufgrund der unterschiedlichen Anfälligkeit von für Steinschläge finden sich am Fuße von Dolomitgipfeln häufig große Schutthalden oder mäntel, während im Dachsteinkalk, auch bei großen Wandhöhen, Sturzdenudation und Sturzhaldenbildung nur schwach ausgebildet ist (Nationalparkverwaltung Berchtesgaden, 2005, S. 146). Das Ausgangsgestein bestimmt aber nicht nur Zahl und Umfang der Massenbewegungen sondern auch den Charakter der Trümmer, so finden sich in den Berchtesgadener Alpen bei Fels- und Bergstürzen aus Dachsteinkalk in der Regel viel grobes Blockwerk, während die Sturzmassen aus Sand- und Mergelsteinen in feinstückiges Trümmerwerk zerbrochen sind (ebd., S. 152).

Da zudem Frostverwitterung und Steinschlag in Bereichen starker tektonischer Beanspruchung rascher voranschreiten, als in Abschnitten geringer Kluftdichte, werden die Wände in unterschiedlichem Maße gegliedert und zurückverlegt (ebd.). So durchziehen heute zahlreiche Steinschlagrinnen und Kamine die am stärksten beanspruchten Bereiche (ebd.).

3. Massenbewegungen

Im weiteren sollen die in dieser Arbeit betrachteten Formen und Typen von Massenbewegungen eingegrenzt und erläutert werden. Hierbei soll auch kurz auf andere, weiterführende charakteristische morphologische Formen als Abrissgebiet, Bewegungszone und Akkumulationsgebiet der jeweiligen Prozesse eingegangen werden. Eine erste Definition des Begriffs Massenbewegung findet sich bei Dikau et al, 1996. Hier werden Massenbewegungen definiert als „... a movement of a mass of rock, earth or debris down a slope" (Dikau et al, 1996b, S. 2). Eine andere, engere Definition bezeichnet Massenbewegungen als eine „... bruchlose oder bruchhafte hangabwärts gerichtete Bewegung von Fels- und/oder Lockergestein unter Wirkung der Schwerkraft." (Dikau, 2001b, S. 115). Diese Bewegungen könne sowohl schnell, als auch langsam ablaufen (ebd.) und benötigen kein Transportmedium wie Eis oder Wasser (Dikau, 2004, S. 644). Die dabei auftretenden Bewegungstypen können Fallen, Kippen, Gleiten, Driften, Fließen und Komplex sein (Dikau, 1996, S. 3 ebenso 2001b, S. 118). Die folgende Abbildung fasst die Klassifikationen von Massenbewegungen nach Art der Bewegung und des Materials zusammen.

Abbildung 7: Typen von Massenbewegungen

Type	Rock	Debris	Soil
Fall	rockfall	debris fall	soil fall
Topple	rock topple	debris topple	soil topple
Slide (rotational)	single (slump) multiple successive	single multiple successive	single multiple successive
Slide (translational) Non-rotational	block slide	block slide	slab slide
Planar	rockslide	debris slide	mudslide
Lateral spreading	rock spreading	debris spread	soil (debris) spreading
Flow	rock flow (Sackung)	debris flow	soil flow
Complex (with run-out or change of behaviour downslope, note that nearly all forms develop complex behaviour)	e.g. rock avalanche	e.g. flow slide	e.g. slump-earthflow

Quelle: Dikau et al, 1996b, S. 3

Im Folgenden sollen die einzelnen Bewegungsformen erläutert werden und Beispiele vorgestellt werden. Dabei soll die letztgenannte Definition als Abgrenzung der zu untersuchenden Abläufe dienen. Der Schwerpunkt wird, im Einklang mit der gewählten Begriffsbestimmung, auf fallenden, rollenden und gleitenden Bewegungen von trockenem Gestein liegen.

3.1 Fallen

Als Fallen wird der freie Fall von Material an einer steilen Böschung bzw. Abhang bezeichnet (Dikau et al, 1996b, S. 2). Dabei stürzt Fels- und/oder Lockermaterial fallend, springend oder rollend ab (Flageollet, Weber, 1996, S. 13). Die Ablösung erfolgt entlang von Flächen, an denen nur geringe oder gar keine Scherbewegungen stattfinden (Dikau, Glade, 2002, S. 40). Die folgende Abbildung veranschaulicht noch einmal den Prozess des Fallens.

Abbildung 8: Fallen

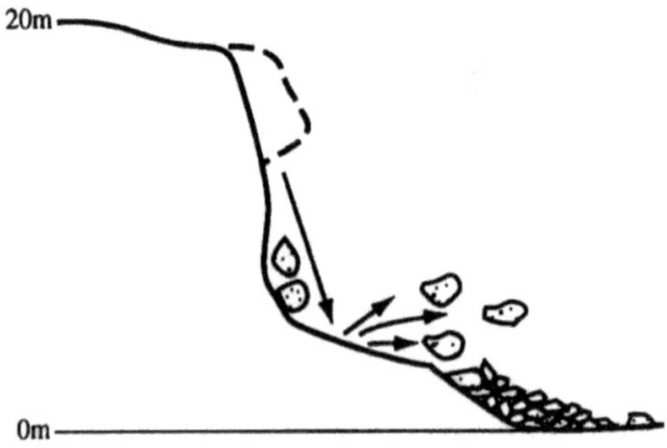

Quelle: Dikau et al, 1996a, S. 228

Die Abrissfläche kann ebener, keilförmiger, stufenförmiger oder vertikaler Form sein (Flageollet, Weber, 1996, S. 15). Ebenso kann das in Bewegung gesetzte Material vielfältigster Natur und Größe sein (ebd.). Durch Sturzereignisse können weitere Prozesse ausgelöst werden, zu diesen gehören unter anderem eine Reibungsschmelze mit Bildung von Frictoniten, wie beim Bergsturz von Köfels (vgl. Abele, 1974, S. 62), oder Nachstürze weitere Massen, welche aufgrund des vorangegangen Sturzereignis ihre Stabilität verloren haben (Flageollet, Weber, 1996, S. 15). Typische Beispiele für Fallbewegungen sind Felssturz, Bergsturz oder Steinschlag (ebd., S. 16). Diese werden aufgrund ihres Volumens unterschieden (ebd.). In der untenstehenden Abbildung eine entsprechende Klassifikation gezeigt.

Abbildung 9: Klassifikation von Sturzereignissen

Types of falls	Volume	Remarks
Debris falls	<10 m^3	
Boulder falls	10–100 m^3	Usually only a few large blocks
Block falls	>100 m^3	A large block which may fragment during travel
Cliff falls	10^4–10^6 m^3	
Bergsturz	>10^6 m^3	Fall, slide or avalanche which may travel a considerable distance

Quelle: Flageollet, Weber, 1996, S. 16

Das kleinste Ereignis stellt der Steinschlag mit einem Volumen <10 m^3 dar (ebd.), darauf folgen Blockstürze und Felsstürze (Ahnert, 2003, S. 129). Die größte Erscheinung stellen Bergstürze mit einem Volumen >10^6 m^3 dar (Flageollet, Weber, 1996, S. 15 ebenso Abele, 1974, S. 5). Abele brachte für Bergstürze ein weiteres Definitionsmerkmal ein, demzufolge die Schuttmassen eine Fläche von 0,1 km^2 bedecken müssen (Abele, 1974, S. 5). Typische morphologische Elemente solcher Ereignisse sind, in Abhängigkeit von der Größe, fächerförmige Kegel am Fuß des Hanges bzw. Schutthalden mit sortiertem oder unsortiertem Material, Sturzrinnen im Hang, eine u. U. keilförmige Abrissnische oder ebene Abrissfläche (Flageollet, Weber, 1996, S. 25). Die Schuttmassen von Bergstürzen nehmen hier eine besondere Stellung ein und müssen von übrigen meist sortierten Sturz- bzw. Schutthalden unterschieden werden (ebd.). Da auch die Gestalt des Abbruchgebietes unterschiedlich sein kann, werden die morphologischen Zeugnisse von Bergstürzen zunächst ausgeklammert und bei der Erläuterung komplexer Massenbewegungen dargestellt (vgl. Dikau et al, 2001b, S. 118). Die durch Massenbewegungen entstanden Schutthalden bilden Anknüpfungspunkte für weitere Umlagerungs- oder Zerschneidungsprozesse durch Muren, Lawinen oder Rutschungen (Becht, 1995, S. 47 ebenso Abele, 1974, S. 92). In diesem Zusammenhang sei auch auf den

Begriff Sedimentkaskade hingewiesen. Hierbei handelt es sich um ein dynamisches System des Sedimenttransportes in Gebieten, deren Größe von einem einzelnen Hang bis hin zu ganzen Flusseinzugsgebieten reicht (Keller, Moser, 2002, S. 127). Eine Sedimentkaskade beinhaltet dabei den Sedimenteintrag in das Gebiet, den Transport innerhalb des Gebietes und den Austrag der Sedimente (ebd.).

Ursachen für eine Fallbewegung können u.a. die Erweiterung vorhandener Klüfte durch Wurzeln, Gefrieren und Tauen eingedrungenen Wassers, der Verlust von Verbindung zum anstehenden Gestein oder Übersteilung sein (Flageollet, Weber, 1996, S. 24).

3.2 Kippen

Hierbei handelt es sich um die Vorwärtsrotation einer Masse von Fest- oder Lockergestein um einen Punkt unterhalb ihres Schwerpunktes an einem Hang (Dikau et al, 1996c, S. 29). Beispiele hierfür wären eine Felskippung oder Kippung im Locksubstrat (ebd.). Die betroffenen Gesteinspakete werden, z. T. durch parallel zum Hang verlaufende Klüfte vorgezeichnet (ebd.), dass Volumen des bewegten Materials kann, hierbei von 1 m^3 bis zu 10^9 m^3 reichen (ebd., S. 30). Verursacht wird das Kippen, ebenso wie das translaterale Gleiten, durch eine unterlagernde Schicht weicheren Materials, welches einer stärkeren Deformation oder Verwitterung unterliegt (ebd., S. 31). Wenn sich bei solch einer Schichtfolge ein Gesteinspaket aus dem Verband löst, sodass die Masse von einem verkleinerten und u. U. bereits durch Verwitterung stark geschwächten Sockel getragen werden muss, kann es zur Kippung kommen (ebd., S. 31). Einfluss darauf hat aber auch das Verhältnis von Höhe und Breite des Blockes (ebd., S. 33). Während breite, aber niedrige Gesteinspakte seitlich gleiten, werden hohe, schmale Blöcke kippen (ebd.). Andere Faktoren sind Hangunterschneidung oder das Quellen und Schrumpfen tonreicher Substrate, letzteres kann auch zu einer langsam ablaufenden Kippung führen (ebd., S. 31). Die morphologischen Elemente einer Kippung ähneln denen eines Sturzes. Auch hier wird sich am Fuße des betroffenen Hanges eine unsortierte Block- bzw. Schutthalde bilden (ebd., S. 39). Der Hang selbst wird an seiner Oberseite einzelne Klüfte oder Spalten zeigen. Diese vertikal verlaufenden Spalten können auch schon die nächsten gefährdeten Felspakete anzeigen (ebd.). Gründe für das Entstehen von Spalten sind bspw. die Hangunterschneidung durch Flüsse oder Wellen (ebd., S. 33). Eine Kippung ist oftmals auch mit anderen Formen von Massenbewegungen wie bspw. Fallen oder Gleiten verbunden (ebd., S. 31). Die nachstehende Abbildung veranschaulicht noch einmal eine Kippung bei einem Wechsel von resistenten und weniger resistenten Schichten.

Abbildung 10: Kippen

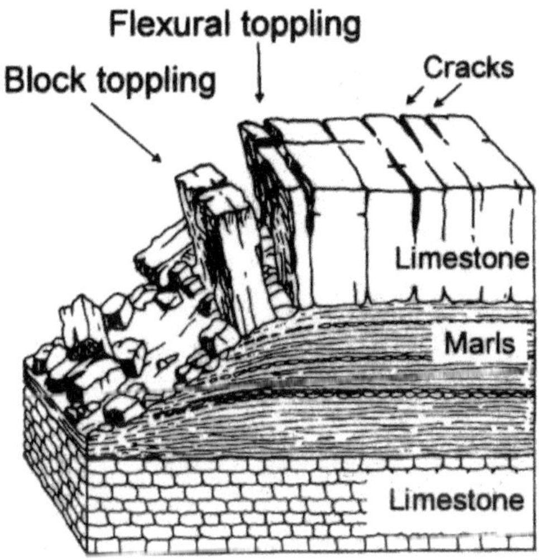

Quelle: Dikau et al, 1996c, S. 31

3.3 Gleiten

Gleiten bezeichnet eine hangabwärts gerichtete Bewegung von Fest- oder Lockergestein auf Gleitflächen oder dünnen Zonen intensiver Scherverformung (Dikau, Glade, 2002, S. 40). Der Prozess des Gleitens lässt sich in rotations- und translationsförmig verlaufende Bewegungen unterteilen (Dikau et al, 1996b, S. 2).

Erstere erfolgt dabei mehr oder weniger rotationsförmig (Dikau, 2004, S. 646) an einer kreis- oder löffelförmigen Scherfläche (Buma, van Asch, 1996, S. 43) um eine Achse (Dikau, 2004, S. 646). Solche Bewegungen finden sich oft bei übereinandergelagerten weichen und harten Materialien (ebd.), bspw. an Schichtstufenlandschaften (Buma, van Asch, 1996, S. 48). Ihre Größe kann dabei von einigen Quadratmetern bis hin zu mehreren Hektar reichen (ebd., S.

43). Beispiele für solch eine Bewegung ist ein Slump bzw. eine Rotations-Block-Rutschung (Ahnert, 2003, S. 122). Die folgende Abbildung zeigt eine rotationsförmige Gleitung, zugleich werden in ihr wesentliche Formelemente dargestellt.

Abbildung 11: rotationsförmiges Gleiten

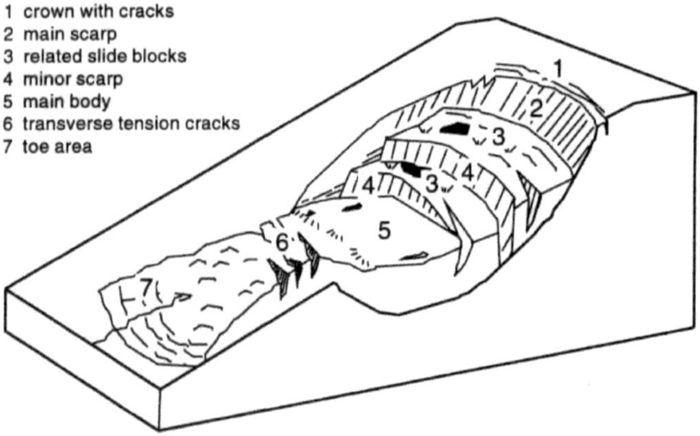

Quelle: Buma, van Asch, 1996, S. 45

Dies sind, von oben nach unten, die horizontale oder nach hinten geneigte Hangspitze mit Spalten und Klüften, eine Abriss- bzw. Scherfläche, einer oder mehrere Rutschungsblöcke, quer verlaufende Spannungsrisse im vorderen Bereich des Rutschungsgebietes und die Zunge der Rutschung, erkennbar als Ausbuchtung mit steiler Front (Buma, van Asch, 1996, S. 59). Wenn die Rutschung als mehrfache Rotationsrutschung, d. h. mit zwei oder mehr sich bewegenden Abschnitten erfolgt (ebd., S. 53), kann das Abrissgebiet die Form eines Amphitheater annehmen (ebd., S. 55).

Eine translationsförmige Rutschung verläuft geradlinig auf einer nahezu ebenen Gleitfläche (Dikau et al, 1996a, S. 63). Solche Massenselbstbewegungen können bspw. durch starke Durchfeuchtung infolge von Starkregen oder Schneeschmelze auftreten (Becht, 1995, S. 68). Begünstigt wird solch ein Prozess durch unterlagernde Wasser stauende Schichten (ebd., S. 69). Die Bewegung erfolgt dabei an Schwächelinien innerhalb des hangbildenden Materials (Dikau et al, 1996a, S. 63). Als Schwächelinien und Gleitflächen können bspw. Schichtgrenzen dienen. Diese sind auch Hauptursache für das Entstehen einer translationsförmigen Rutschung (Ibsen et al, S. 72). Beispiel für solch einen Vorgang ist eine Blockgleitung (ebd., S. 65) oder Felsgleitung (Sorisso-Valvo, Gullà, 1996, S. 86). Große Blockrutschungen sind oft Teil eines umfassenden Hangversagens und können auch rotationsförmige Rutschungen, bspw. an der Rutschungszunge beinhalten (Ibsen et al, S. 65), daneben können rotationsförmige Rutschungen aber auch als Auslöser fungieren (ebd., S. 72). Die Gleitflächen bestehen oft aus Tonen, welche von resistenteren Felsschichten, bspw. Kalkstein überlagert werden (ebd.). Charakteristischstes Formelement ist ein Graben, hierbei handelt es sich um eine gelegentlich nach hinten geneigte Struktureinheit, welche zwischen zwei scharf begrenzte Schwächeflächen abgesunken ist (ebd., S. 67). Dadurch wird der, durch den Graben vom übrigen Hang abgetrennte, Teil vorwärts bewegt (ebd.). Das folgende Schema zeigt das Prinzip des translationsförmigen Gleitens.

Abbildung 12: translationsförmiges Gleiten

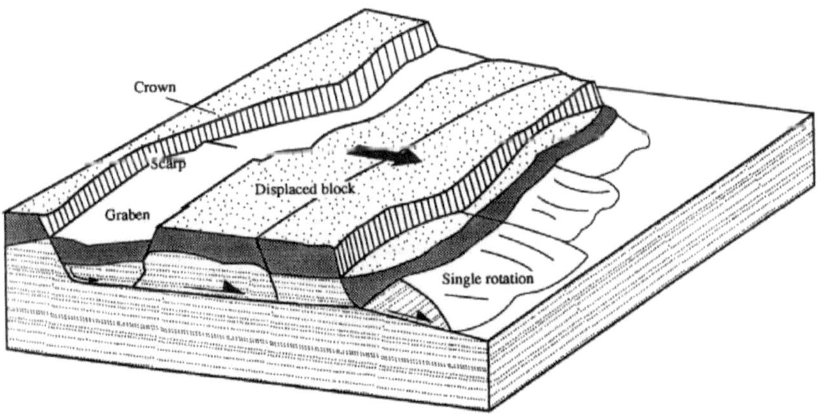

Quelle: Ibsen et al, 1996, S. 65

Große Blockgleitungen sind an ihrer Zunge sehr anfällig für sekundäre Massenverlagerungen, hier können schon kleinste Erosionen der Zunge zu einer Massenbewegung führen (ebd.). Wichtiger Auslöser translationsförmigen Gleitens sind starke Regenfälle (ebd., S. 72), daneben können auch Erdbeben oder Hangunterschneidungen initiierend wirken (Sorisso-Valvo, Gullà, 1996, S. 91).

3.4 Driften

Mit Driften, englisch "lateral spreading", wird eine Seitwärtsbewegung, ohne intensive Scherung, auf Gleitflächen von Fest- oder Lockergestein, mit einem Einsinken in darunter liegende weichere Schichten bezeichnet (Dikau, Glade, 2002, S. 40). Driften ist das Ergebnis einer tief innerhalb der Felsmassen stattfindenden plastischen Verformung, welche zu einer Erweiterung an der Oberfläche führt (Pasuto, Soldati, 1996, S. 122). Ein Beispiel hierfür ist das Felsdriften (ebd.) oder „rock spreading", welches die laterale Erweiterung einer Felsmasse bezeichnet (ebd., S. 123). Lateral spreading kann sowohl innerhalb homogener Gesteinsformationen, als auch bei Felspaketen, welche weichere Schichten überlagern auftreten (ebd. ebenso Moser, 2004, S 116). Im ersten Fall erfolgt eine nach außen und abwärtsgerichtete Bewegung der Hangseiten, entlang einer im flachen Winkel verlaufenden Scherfläche (Pasuto, Soldati, 1996, S. 125). Dabei kommt es zu einer gravitativen Erweiterung bereits bestehender Spannungsrisse (ebd., S. 123). Im Verlauf der Bewegung entstehen typische morphologische Merkmale wie ein doppelter Bergrücken, eine dazwischenliegende grabenähnliche Vertiefung und hangaufwärts zeigende Abrisskanten (ebd.). Wenn es sich dagegen nicht um eine homogene Felsmasse handelt, sondern Schichten spröden und harten Gesteins, weichere Schichten überlagern, verläuft die Bewegung anders (ebd., S. 124). Durch unterschiedlich starkes Einsinken des oben aufliegenden Materials zerbricht dieses entlang bereits existierende Klüfte in einzelne Felspakete (ebd., S. 125). Bereits in diesem Stadium kann es am Rande des betroffenen Hanges zur Entstehung einer Wölbung kommen, diese besteht aus Material, welches durch die Auflast nach außen gedrückt wird (ebd.). Innerhalb der Formation werden die weicheren Partien durch die Auflagelast in den entstandenen Spalten nach oben gequetscht (ebd., S. 124). Mit der in der Tiefe stattfindenden Deformation, ist ein lateraler Drift der oberen Felsblöcke verbunden (ebd., S. 125). Am Rande können neben der beschriebenen Wölbung auch Kippungen, Slumps und andere Massenbewegungen beobachtet werden (ebd., S. 124).

In beiden Möglichen Varianten sind die betroffenen Gesteinsmassen in der Regel > 1 Mill. m^3 (ebd.). Ihre Bewegungsrate kann von 10^{4} bis 10^{1} m im Jahr reichen (ebd., S. 129). Entstehungsgründe für das Felsdriften sind, insbesondere für Bewegungen innerhalb einer homogenen Felsmasse, ebenso wenig erforscht (ebd., S. 132) wie der vollständige Ablauf (ebd., S. 125). Einzig die Situation, in welcher zerklüftetes Material plastisch verformbares überlagert, ist gut erforscht (ebd., S. 132). Beiden Varianten des lateralen Driftens wird aber eine erhöhte

Sensibilität für Erdbeben zugeschrieben (ebd.). Die folgende Abbildung gibt noch einmal einen Überblick über Ablauf und morphologische Elemente der beschriebenen Prozesse, dabei zeigt der obere Teil a, Driften innerhalb einer homogenen Felsmasse, der untere Teil b dagegen für wechselnde Schichten harten und weichen Gesteins.

Abbildung 13: Driften in homogenen wechselnden Schichten

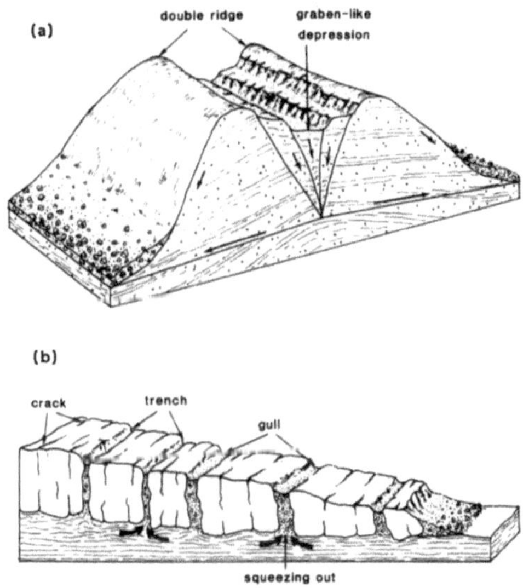

Quelle: Pasuto, Soldati, 1996, S. 123

Auch in den Alpen ist Driften ein wesentliches morphologisches Element (Rohn et al, 2004, S. 71 ebenso Moser, 2004, S. 115). Hier tritt es z. B. in den nördlichen Kalkalpen auf, wenn große Platten von Kalkstein oder Dolomit über einer verformbaren Schicht liegen (Rohn et al, 2004, S. 71). Insbesondere in der Hallstadtzone finden sich solche Konstellationen, in welchen starre Lagen von Kalkgesteinen über Mergelschichten liegen (ebd.). Während der relativ langsamen Bewegung werden die Gesteinsmassen an tektonisch vorgezeichneten Orten in weitere kleinere Einheiten geteilt (ebd.). Die dabei entstandenen Blöcke bewegen sich in teilweise unterschiedliche Richtungen, indem sie der Neigung ihrer Unterlage folgen (ebd.). Der Abstand zwischen den verschiedenen Blöcken steigt mit ihrem Abstand zum Zentrum der ursprünglichen Gesteinsplatte, da die am Rande befindlichen Teile in ihrer Seitwärtsbewegung nicht behindert werden (ebd.). Die laterale Bewegung der verschiedenen Blöcke kann soweit gehen, dass sich ein regelrechtes Felslabyrinth aus Horts- und Grabenpartien entwickelt (ebd., S. 72).

Auch in den Alpen sind laterale Bewegungen sind oft mit anderen Formen von Massenbewegungen vergesellschaftet (ebd.). So können sich insbesondere am Rand der rutschenden Blöcke Bewegungen wie Kippen oder Fallen ereignen (ebd.). Besonders freistehende Felsnadeln vor den Blöcken sind anfällig für ein Kippen (ebd.). Ursächlich hierfür ist eine übermäßige Wassersättigung der untenliegenden Schicht, welche durch Verminderung der Kohäsion zu einem Hangversagen führt (ebd., S. 74). Aber nicht nur diese Berg- und Felsstürze werden als Gefahr gesehen, durch sie können auch weitere sekundäre Massenbewegungen wie Schuttströme oder Muren in den weichen Gesteinsfolgen ausgelöst werden (Moser, 2004, S. 118). Die nachfolgende Abbildung zeigt noch einmal ein Beispiel für laterale Bewegungen.

Abbildung 14: Driften in den Alpen

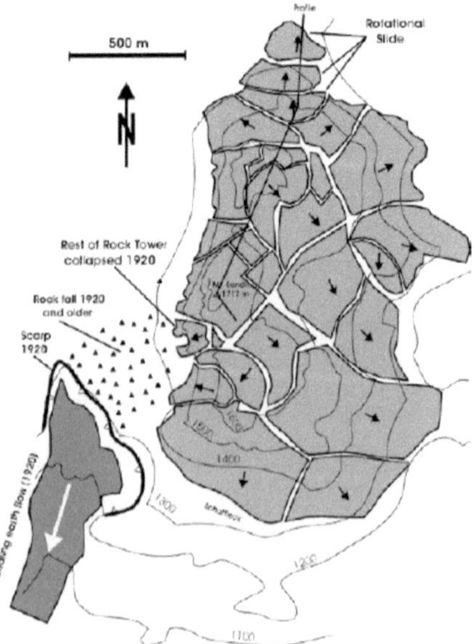

Quelle: Rohn et al, 2004 S. 73

Der hier gezeigte Berg Sandling (1717 m) findet sich im Westen von Österreich, in der Nähe von Salzburg (Rohn et al, 2004, S. 72). Er besteht aus einer obenliegenden Schicht von Kalkstein über einer Lage verformbaren Mergelgesteins und Salztonen (ebd., S. 73). Im Verlauf der Bewegung bildeten die verschiedenen Felsblöcke ein charakteristisches Felslabyrinth. Zugleich zeigt die Abbildung Folgeerscheinungen wie Fallen oder Fließen.

3.5 Fließen

Hierbei handelt es sich um eine kontinuierliche und irreversible Deformation von Fest- oder Lockergesteinen, bei der die Geschwindigkeitsverteilung der einer viskosen Flüssigkeit gleicht (Dikau, Glade, 2002, S. 40). Innerhalb der Masse sind einzelne Bestandteile aller Größenklassen und Formen erkennbar, sie bewegen sich aber mit verschiedenen Geschwindigkeiten, welche aus ihren unterschiedlichen Gewichten resultieren (Dikau et al, 1996, S. 149). Beispiele für solch einen Prozess ist eine Sackung oder "rock flow", Talzuschub oder eine Bergzerreißung (Bisci, Dramis, 1996, S. 150). Als Talzuschub werden großflächige und tief greifende Hangbewegungen bezeichnet, bei denen es aber, im Gegensatz zu Bergstürzen, nicht zu einem Bruch kommt (Moser, 1999, S. 99). Bei einem rock flow handelt es sich um eine langsame, kriechende Bewegung, einhergehend mit tiefsitzenden gravitativen Deformationen (Bisci, Dramis, 1996, S. 151). Sie treten nur auf, wenn der betroffene Hang hoch genug ist, um in den darunter liegenden Schichten eine gravitative Belastung zu erzeugen, gleichzeitig müssen die unteren Schichten widerstandsfähig genug sein, um ihre allgemeine Stabilität aufrechtzuerhalten und somit eine langsame und kriechende Bewegung zu ermöglichen (ebd., S. 156). Die betroffenen Gesteinmassen können einige Tausend Kubikmeter, bei einer Dicke von mehreren zehner Metern umfassen (ebd.). Allerdings ist der Vorgang im Einzelnen nicht bekannt (ebd., S. 153). Es wird aber davon ausgegangen, das zumindestens in den unteren Schichten eine plastische Deformation stattfindet (ebd.). Typische Formenelemente einer Sackung sind steile Abrissflächen in den oberen Hangpartien und doppelte Bergkämme (ebd.). Im Vorfeld des Hanges kann sich durch die Bewegung eine Wölbung bilden (ebd.). Die nachfolgende Abbildung zeigt noch einmal die Elemente einer Sackung.

Abbildung 15: Elemente einer Sackung

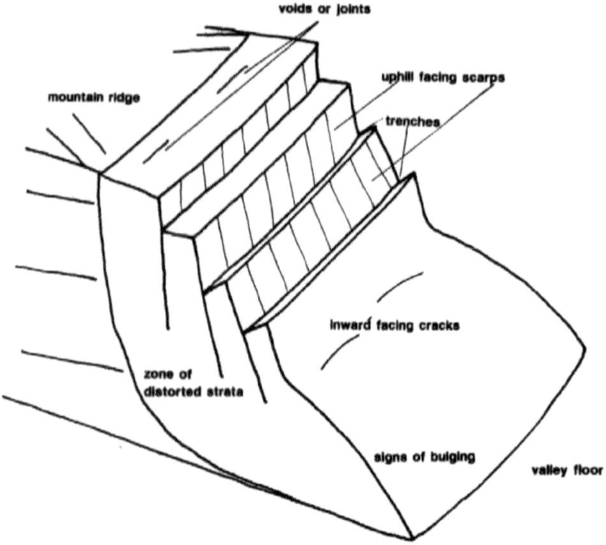

Quelle: Bisci, Dramis, 1996, S. 151

3.6 Komplex

Als komplexe Massenbewegung wird eine Kombination mehrerer der eben genannten Bewegungsprozesse bezeichnet, wobei sich während der Hangabwärtsbewegung der initiale Prozess ändert (Dikau et al, 1996, S. 189). Bekannte Beispiele für eine komplexe Massenbewegung sind Sturzstrom, Bergsturz oder Steinlawine (Angeli et al, 1996, S. 191). Insbesondere Bergstürze sind aufgrund ihrer Masse und des damit verbundenen Schadenspotenzials bemerkenswerte Ereignisse und sollen deswegen in ihrem Ablauf und Formen näher dargestellt werden. Eine umfassende Definition von Bergstürzen findet sich bei Abele. Danach handelt es sich bei Bergstürzen um Fels- und Schuttbewegungen, die mit hoher Geschwindigkeit (in Sekunden oder wenigen Minuten) aus Bergflanken niedergehen und im Ablagerungsgebiet ein Volumen von über 1 Mio. m^3 besitzen oder eine Fläche von 0,1 km^2 bedecken (Abele, 1974, S. 5).

Eine Masse meist trockenen Gesteins bewegt sich nach dem Kollaps eines Hanges mit großer Geschwindigkeit über eine lange Distanz, selbst bei nur schwacher Hangneigung (Angeli et al, 1996, S. 191). Die Geschwindigkeit des Bergsturzes kann dabei mehrere zehner Meter pro Sekunde betragen (Abele, 1974, S. 5).

Ein Bergsturz kann sich auf zwei verschiedenen Wegen entwicklen (Angeli et al, 1996, S. 191). Eine Möglichkeit ist durch Fall oder Rutschung eines Felskörpers, welcher während der Bewegung seinen Zusammenhalt verliert und sich in eine Trümmermasse verwandelt (ebd.). Eine andere Variante ist, die plötzliche Mobilisierung einer akkumulierten Trümmer- bzw. Schuttmasse, durch Absturz eines überhängenden Hanges oder ein Erdbeben (ebd.). Die höchste Konzentration von Bergstürzen findet sich in den nördlichen und südlichen Kalkalpen (ebd., S. 192 ebenso Abele, 1974, S. 7). Abele erfasste in seiner wegweisenden und bis heute immer wieder zitierten Arbeit „Bergstürze in den Alpen" 186 Bergstürze (Abele, 1974, S. 6) und weist dabei darauf hin, dass es immer noch zahlreiche unentdeckte Bergstürze gibt (ebd., S. 5). Aus diesem Grund stellen Bergstürze in den Alpen eine herausragende Form von Massenbewegungen dar, weswegen sie im Weiteren detaillierte dargestellt werden sollen.

4. Bergstürze

Morphologische Elemente eines Bergsturzes sind das Abbruchgebiet, die Fahrbahn (Abele, 1973, S. 13) oder Sturzbahn (Ahnert, 2003, S. 131) und das Ablagerungsgebiet (Abele, 1974, S. 13). Der Umriss des Abrissgebietes bzw. der Bergsturznische wird entscheidend durch das vorhandene Kluft- und Störungsnetz bestimmt (ebd., S. 16), dieses zeigt sich auch im Verlauf der den Bergsturznischen unmittelbar benachbarten Täler, welche oftmals parallel zu den rückwärtigen oder seitlichen Oberkanten des Abbruchgebietes verlaufen, da sie in ihrem Verlauf denselben Kluft- und Störungsrichtungen folgen (ebd.).
Die Bewegung einer Bergsturzmasse zeigt interessante Phänomene, welche im Folgendem näher erläutert werden sollen.

4.1 Die Bergsturzbewegung

Nach der Geschwindigkeit zum Zeitpunkt der Ablösung am Abbruchgehänge können zwei Arten von Bergstürzen unterschieden werden (Abele, 1974, S. 65). Zum einen die aus steilen Wänden niedergehende Fallstürze, welche sofort eine hohe Geschwindigkeit erreichen, zum anderen die sich auf einer flachen Abgleitbahn in Bewegung setzenden Schlipfstürze, welche erst zu einem späteren Zeitpunkt in die eigentlich rasche Bergsturzbewegung übergehen (ebd.). Letzter Typus wird auch von anderen Autoren bestätigt (Angeli, et al, 1996, S. 195). Es können zwei Phasen einer Bergsturzbewegung unterschieden werden (ebd.). Das initiierende Versagen eines Hanges, welches als Fallen oder Gleiten erfolgen kann und daraus folgend ein nachgeordnetes Herabströmen der Trümmermassen (ebd.). Somit beruht die Bewegung eines Sturzstromes auf einem chaotischen Strom kleiner und größerer Partikel, welcher die aus einem Bewegungsimpuls resultierenden Belastungen durch Kollisionen mit anderen Partikeln weiter verteilen (ebd.). Solch ein Mechanismus ist auch nicht auf die Anwesenheit flüssiger oder gasförmiger Porenflüssigkeiten innerhalb des Materials angewiesen und kann somit auch Massenbewegungen auf dem Mond oder dem Mars erklären (ebd.). Die Bergsturzmasse wird im Laufe der Bewegung durch die mechanische Beanspruchung immer stärker zerschlagen, allerdings können einzelne Blöcke davon ausgenommen sein, wenn sie dauernd auf der Bergsturzoberfläche aufschwimmen (Abele, 1974, S. 54).

Bergsturzmassen können teilweise sehr hohe Geschwindigkeiten erreichen, Abele gibt Beispiel von 150 km/h oder sogar über 180 km/h an (Abele, 1974, S. 65). Dieses führt dazu, dass die Schuttmassen selbst auf einem gegenläufigen Hang noch beachtlich Distanzen zurücklegen (Angeli et al, 1996, S. 197). Die hohe Geschwindigkeit große Reichweite der Trümmermassen deutet auf eine stark verminderte Reibung zwischen der Bergsturzmasse und der Abgleitfläche hin (ebd.). Als Erklärung dafür werden in der Wissenschaft verschiedene Möglichkeiten erörtert (Abele, 1974, S. 66 ebenso Angeli, et al, 1996, S. 197). Eine Möglichkeit ist, dass innerhalb der Sturzmassen eingeschlossene Luft vermindernd auf die Reibung wirkt, oder die Trümmermassen selbst gleiten direkt auf einer Art Luftkissen, welches zwischen Abgleitfläche und Sturzmasse verortet wird (Abele, 1974, S. 66 ebenso Angeli et al, 1996, S. 197). Im ersten Fall bilden Lockerschuttmassen ein fließfähiges Feststoff-Luftgemisch, dessen mechanische Reibung durch die eingeschlossene Luft stark herabgesetzt ist, allerdings erfordert dieses einen Mindestanteil von Feinmaterial an der Gesamtmasse (Abele, 1974, S. 82). Außer Luft, kann natürlich auch eingeschlossenes Wasser die mechanische Reibung stark herabsetzten (Erismann, Abele, 2001, S. 295). Beides wird als Fluidisation oder Fluidialbewegung bezeichnet (ebd. ebenso Abele, 1974, S. 81).
Eine andere Möglichkeit ist, dass Wasser als eine Art Schmiermittel zwischen der sich bewegenden Masse und der Abgleitfläche die Reibung verringert (Erismann, Abele, 2001, S. 204). Dieses wird als Lubrication bezeichnet und kann bspw. dann beobachtet werden, wenn durch das Gewicht der Trümmer, welche über eine wassergesättigte Oberfläche fahren, Flüssigkeit aus dem Boden herausgepresst wird (ebd., S. 294). Notwendigerweise muss das flüssige Medium nicht aus dem Boden stammen, eine andere Möglichkeit ist das Schmelzen von im Boden bzw. in der Sturzmasse enthalten Eis oder sogar kristallinem Gestein durch die bei der Bewegung entstehende Reibungswärme (ebd.). Je nach Gesteinsart kann die Reibungswärme auch zur Absonderung von Kohlensäure führen, dabei läuft folgende chemische Reaktion ab: $CaCo_3 \rightarrow CaO + Co_2$ (ebd., S. 44). Dieses Phänomen wäre bspw. in den Alpen für sedimentäre Bergstürze wie Flims möglich (ebd., S. 45). Das hierbei freiwerdende Kohlendioxid würde die Reibung zusätzlich reduzieren (ebd., S. 211 und S. 44). Allerdings reagiert das entstandene Kalziumoxid CaO unter atmosphärischen Einflüssen, durch die Reaktion $CaO + H_2O \rightarrow Ca(OH)_2$ und daran anschließend $Ca(OH)_2 + CO_2 \rightarrow CaCO_3 + H_2O$, sodass kaum Zeugnisse der chemischen Reaktion gefunden werden (ebd., S. 45). Spuren einer Reibungsschmelze finden sich bspw. beim Bergsturz von Köfels (ebd. ebenso Abele, 1974, S. 62), welcher aus diesem Grund nachfolgend vorgestellt werden soll.

4.1.1 Der Bergsturz von Köfels

Beim Bergsturz von Köfels handelt es sich um den größten kristallinen Bergsturz der Alpen (Abele, 1974, S. 23). Eine Datierung von alten, an der Basis der Trümmermassen gefunden Holzresten, ergab ein Alter von 8710 ± 150 Jahren (Abele, 1974, S. 85).

Mit einem Volumen von über 2 km³ Augengneis (ebd., S. 62) und einem geschätzten Gewicht von 5 Mrd. t (Pinter, 1998) ist er fast so groß wie die übrigen von Abele untersuchten kristallinen Bergstürze zusammen (Abele, 1974, S. 62). Auffallend ist zudem die Abgleitböschung des Bergsturzes mit einem Winkel von 39°, andere Massenbewegungen vergleichbaren Volumens weisen einen geringeren Abgleitwinkel auf (ebd., S. 20). Im Ablagerungsgebiet hat er eine Flächenbedeckung von 12 km², auch dieses ist umso bemerkenswerter, als dass kristalline Bergstürze sonst kaum 2 km² überschreiten (ebd., S. 30). Die durchschnittliche Mächtigkeit der Trümmermassen beträgt 180 m, damit überragt er die kalkalpinen Bergstürze bis auf einen (ebd., S. 32). Zugleich zeigt sich hieran der Einfluss des Ausgangsgesteins auf den Schuttkörper (ebd., S. 33). Dieses bestimmt entscheidend, ob die Trümmer als mächtige Schuttkörper zurückbleiben oder sich als flache Schuttdecken ausbreiten (ebd.). Wegen des kristallinen Ausgangsgesteins finden sich im Ötztal besonders große zusammenhängende Gesteinspakete (ebd., S. 51). Der Bergsturzkörper ist nach dem Zerrüttungsgrad sortiert und weist folgende vertikale Sonderung auf, große und stark zerrüttet, aber im Verband gebliebene Schollen bilden den Kern des Trümmerkörpers, darüber findet sich eine Bedeckung weniger stark zerrütteten Lockerschuttes, welcher stellenweise Grobblockbeschaffenheit aufweist (ebd., S. 56). Das seinerzeit auf dem Bergsturzrücken transportierte Material ist noch gut erkennbar, da durch die weitestgehend im Verband gebliebene Trümmermasse, aufliegendes Moränenmaterial bei der Talfahrt mittransportiert wurde (ebd., S. 57).

Die Massenbewegung ging vom Schartle Pass aus, der Gipfel lag damals womöglich höher (Erismann, Abele, 2001, S. 38). Da die Masse bei ihrem Niedergang in Richtung Tal, nicht auf nennenswerte Hindernisse traf, blieb sie in ihrem Zusammenhang weitestgehend erhalten (ebd.). Nach etwa einem Kilometer erreichte sie eine Geschwindigkeit von ca. 50 m/s oder 180 km/h (ebd.). Abele nimmt eine gesamte Fahrbahnlänge von 6 km an (Abele, 1974, S. 189). Die folgende Abbildung zeigt einen Querschnitt durch den Bergsturz von Köfels.

Abbildung 16: Querschnitt durch den Bergsturz von Köfels

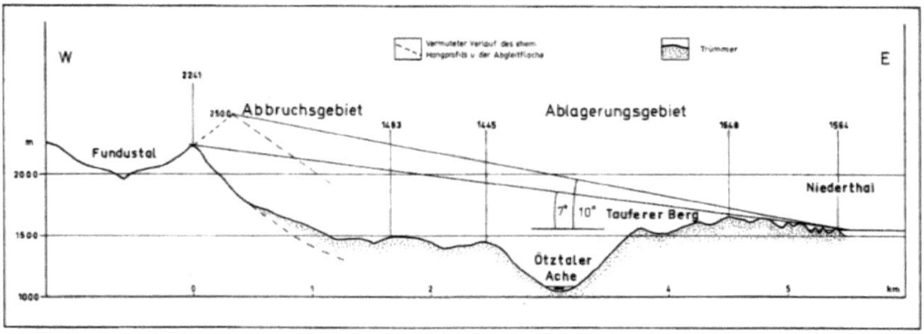

Quelle: Abele, 1974, S. 62

Die Bergsturzscholle wurde, durch parallel zur Hauptgleitfläche verlaufende sekundäre Gleitflächen, in sich zerlegt (Erismann, Abele, 2001, S. 38). Diese entstanden, als die tieferen Teile der Sturzmassen am Talboden abgebremst wurden und die oberen Stücke über sie hinwegglittet (ebd. ebenso Abele, 1974, S. 52).

Die Bergsturzscholle (A) kollidierte mit der gegenüberliegenden, nahezu vertikalen und aus massiven Fels bestehenden, Hangseite (B) (Erismann, Abele, 2001, S. 38). Diese Kollision teile die Sturzmassen in zwei Teile (ebd.). Der obere Teil (D) setzte die Bewegung fort und stieg die trotz gegenläufigen Gefälles den Hang des Taufberges bis in eine Höhe von 1500 m auf (ebd., S. 32). Der untere Teil (C) wurde dagegen durch den Talhang in seiner Bewegung blockiert (ebd., S. 38). Dabei wurde der vordere Teil durch die nachdrängenden Massen an den, als Amboss fungierenden, Gegenhang geworfen und zerkleinert (ebd.). Die Größe der Bruchstücke reicht hierbei von einigen Millimetern bis hin zu einem Meter (ebd.). Innerhalb der gebremsten Masse bildeten sich verschiedene horizontale Schichten aus, welche von den darüberliegenden überfahren wurden (ebd.). Ursache hierfür war, dass der Kollisionspunkt mit dem Gegenhang immer höher wanderte, bis er schließlich den oberen Teil erreichte (ebd.).

Die folgende Abbildung zeigt die Teilung der Sturzmassen und deren Aufprall am Gegenhang.

Abbildung 17: Gliederung der Bergsturzmasse

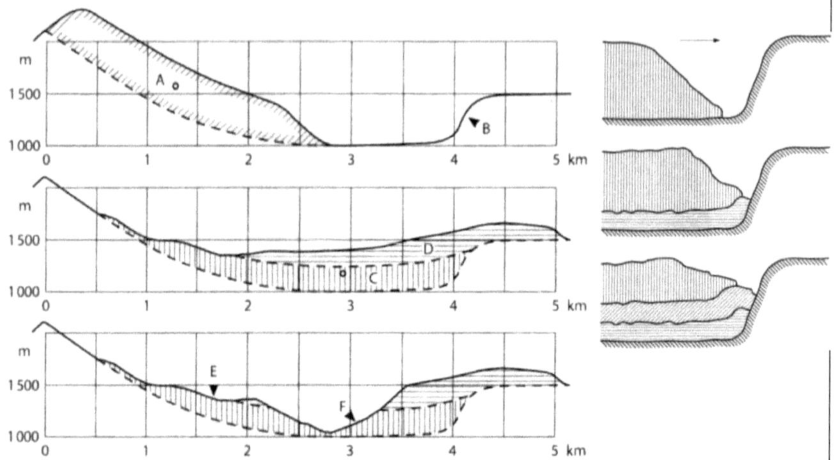

Quelle: Erismann, Abele, 2001, S. 36 und 39

Bei der Massenbewegung wurde der Bergkamm in die Talfahrt einbezogen, dass parallel zur Rückwand der Bergsturznische verlaufende Fundustal (Abele, 1974, S. 17) verlor dabei große Teile seiner östlichen Talflanke (ebd., S. 14). Sowohl das Fundustal, als auch die Bergsturznische folgen denselben Kluft- oder Störungsrichtungen und werden lediglich durch einen Grad getrennt (ebd., S. 17). Dieses zeigt, wie Massenbewegungen durch tektonische Gegebenheiten vorgezeichnet werden.

Der bei der Massenbewegung entstandene Köfelsit (Pinter, 1998) unterstreicht den herausragenden Charakter des Bergsturz von Köfels. Gleichzeitige gab dieser Bimstein Anlass zu vielfältigen Theorien über die Ursachen des Bergsturzes, wobei diese bis heute unklar ist (Abele, 1974, S. 61). Zunächst wurde wegen des Bimsteins ein vulkanisches Ereignis oder gar ein Meteoriteneinschlag angenommen (ebd.). Bimsstein, Bims lat. „Schaum", entsteht normalerweise aus gasreicher, zäher Lava (Pinter, 1998). Beim Austritt an der Erdoberfläche wandern die Gase aus und bilden die charakteristischen Poren (ebd.). Die im Gebiet des Köfels Bergsturzes zu findende großen Vorkommen von Bimsstein, unterscheiden sich äußerlich deutlich vom übrigen lokalen Gestein dem Augengneis, sind ihm chemisch aber nahezu identisch (Erismann, Abele, 2001, S. 32).

Zwar gab es keine geomorphologischen Anzeichen für vulkanische Aktivitäten, allerdings konnte sich im 19. Jahrhundert niemand eine andere Möglichkeit vorstellen konnte, genug Energie zu erzeugen, um Gestein zu schmelzen (ebd.). Erst in den 70er Jahren des 20. Jahrhundert entstand die Theorie, dass Reibungshitze für die Entstehung des Bimsstein verantwortlich sein könnte, als Indiz dafür wurden die ausgedehnten Rutschungsflächen gewertet (ebd., S. 35), als Ursache wird die für einen kristallinen Bergsturz enorme Größe angenommen (Abele, 1974, S. 62). Aus Schätzungen für Volumen, Dichte und vertikale Verlagerung konnte die beim Bergsturz freigesetzte Energie berechnet werden (Erismann, Abele, 2001, S. 41). Diese betrug über 16 500 TJ und entspricht damit der Explosion einer 4,5 Megatonnen Wasserstoffbombe oder der Verbrennung von 400 Kilotonnen Öl (ebd.).

Für den Bergsturz von Köfels wird eine Masse mit einer Dicke von 500 m angenommen (ebd., S. 42). Bereits nach einer Strecke von 50 m, würde an der Scherfläche eine Schicht von 10 mm auf 1700 °C erhitzt werden (ebd.). Selbst in dem, für das nach der Kollision mit dem Gegenhang, angenommene Szenario, in diesem Fall geht man für die sich bewegende Masse von einer Dicke von 125 m aus, würde nach 200 m eine Temperatur von 1200 °C erreicht werden, immer noch genug um Feldspat, aus dem das Gestein von Köfels zu 70% besteht (ebd., S. 41), zum Schmelzen zu bringen (ebd., S. 42). Der Gneis bildete dabei Schmelzen, die wie ein Schmiermittel wirkten, in die Felsspalten flossen und dort zu Köfelsit erstarrten (Pinter, 1998).

Heute wird die Nord-Süd-Achse des Ötztals von gewaltigen Trümmermassen mit einem geschätzten Volumen von 2,1 km³ blockiert (Erismann, Abele, 2001, S. 32). Besonders markant erscheint die Maurachschlucht, ein 500 m tiefer Einschnitt des Flusses Ötztaler Ache in die Trümmermassen (ebd.). Diese vereinigt sich bei Umhausen mit einem Umlagerungskegel, welcher seinen Ausgang am Stuibenfall hat (Abele, 1974, S. 129). Abele nimmt an, dass die Trümmermassen zumindestens zeitweilig einen See aufgestaut haben (Abele, 1974, S. 122), der hinter der Barriere liegende Staubereich wurde aber allmählich aufgeschüttet (ebd., S. 128). Sowohl die Aufschüttung als auch die fluviale Zerschneidung der Trümmermassen führten später zu einer Entleerung des Sees (ebd., S. 122). Ein Nebenfluss der Ötztaler Ache, der Horlach- oder Stuibenbach, wurde durch die am Taufberg aufgelaufenen Schuttmassen gezwungen auf eine Terrasse am Talrand auszuweichen, deren Steilabsturz überwindet er im sogenannten Stuibenfall (Erismann, Abele, 2001, S. 32 ebenso Abele, 1974, S. 127).

Im Anschluss an die Massenbewegungen kam es zu weiteren Umlagerungen der Trümmer (Abele, 1974, S. 93). So kam es am Nord-Ost-Rand der Trümmermassen zu großen Um-

lagerungen von durchfeuchteten Bergsturzlockermaterial (ebd.). Durch den Stuibenbach wurde hier der Schutt in den Randtälern bei Murbrüchen ausgeräumt, wodurch in der Nähe von Umhausen ein mächtiger Umlagerungskegel aufgeschüttet wurde (ebd.). Im Jahr 1776 wurde ein großer Teil der Gemeinde Umhausen durch eine Murkatstrophe verschüttet (ebd.). Insbesondere in der Maurachschlucht findet sich Bergsturzmaterial, welches stark zerkleinert wurde (Erismann, Abele, 2001, S. 32). Die Korngrößen übersteigen hier kaum 2 mm (ebd.). Das übrige Material des Bergsturzes weicht davon ab, häufig sind riesige Blöcke anzutreffen, so haben sich bis heute haben Seitenhänge von 40° erhalten, was darauf hindeutet, dass die Trümmermassen aus mehr Felsbrocken als Körnern bestehen (ebd.).
Im weiteren sollen die morphologischen Elemente eines Bergsturzes Abbruchgebiet, Fahrbahn und Ablagerungsgebiet dargestellt werden.

4.2 Das Abbruchgebiet

Das Abbruchgebiet lässt sich nach Böschungswinkel und Genese in zwei verschiedene Formelemente aufteilen (ebd., S. 15). Abele unterscheidet hier Abrisswände und Abgleithänge oder flächen (ebd.). Als Abrisswände werden steile Wände bezeichnet, an denen sich Bergsturzschollen ablösen und von denen sie sich wegbewegen (ebd.). Abrisswände weisen im Großen und Ganzen eine einheitliche Ausrichtung auf (ebd.). Sie lassen sich noch weiter unterteilen in Wände im engen Sinne, Nischen mit Rückwänden, hierbei wird ein flacher Nischenboden von Rück- und Seitenwänden überragt oder Nischen mit Rückwänden und Abgleitflächen, in diesem Falle wird eine mehr oder weniger glatte Ableitfläche von Rück- und Seitenwänden überragt (ebd., S. 16). Wandformen sind besonders in den kalkalpinen Bereichen zu finden (ebd.), dieses liegt wohl auch daran, dass Kalkgesteine eine Übersteilung der Gehänge länger aushalten (ebd., S. 50).
Eine andere Gestalt des Abbruchgebietes stellen Abgleithänge oder flächen dar auf denen die Bergsturzschollen oder trümmer bei und z. T. auch nach ihrer Ablösung abgleiten (ebd., S. 15). Abgleithänge besitzen meist ein mehr oder weniger einheitliches Gefälle, bei Abgleitflächen bleibt dieses nicht nur längs, sondern auch quer zur Ablösungsstrecke gleich (ebd.). Wie auch bei den Wänden lassen sich die Hangformen weiter unterteilen in Hänge im engeren Sinne, Hänge mit Einbuchtungen, Nischen mit Rückgehänge, diese weisen einen deutlichen Neigungsunterschied zwischen den flachen Nischenboden und den steileren Rück- und

Seitenhängen auf und glatte Abgleitflächen, über welche allenfalls kleinere steile Hang- oder Wandpartien aufragen (ebd.). Hangformen finden sich dagegen besonders häufig in den kristallinen Bereichen der Alpen (ebd., S. 16).

4.3 Die Bergsturzfahrbahn

Die Bergsturzfahrbahn umfasst den gesamte Bereich der Bergsturzbewegung vom oberen Anriss bis zum äußersten Ende der Trümmer (Abele, 1974, S. 38). Aus dieser Definition ergibt sich bereits, dass große Teile der Fahrbahn oder sogar die gesamte Fläche nach Ende der Bewegung von Trümmern bedeckt sein können. Die Form der Fahrbahn kann dabei flach, in Schussrichtung geneigt, gestuft oder, vor allem am Ende, sogar gegenläufig geneigt sein (ebd.). Meist verläuft die Fahrbahn geradlinig, zeigt aber insbesondere bei großen Bergstürzen häufig Knicke oder einen gewundenen Verlauf (ebd.). Die Länge der Fahrbahn steht dabei in direktem Zusammenhang zur Größe des Bergsturzes, je größer das Volumen, desto höher die Reichweite der Bewegung (ebd., S. 40). So wurde bspw. für den größten alpinen Bergsturz, den Bergsturz von Flims, eine Mindestfahrbahnlänge von 16 km festgestellt (ebd., S. 40). Andere Faktoren, welche auf die Länge der Fahrbahn wirken, sind der Höhenunterschied und die Konfiguration der Vorform (ebd.). Allerdings gibt es bis heute keine umfassend schlüssige Erklärung für die großen Distanzen, welche von Bergstürzen zurückgelegt werden (Angeli et al, 1996, S. 194).

4.4 Das Ablagerungsgebiet

In der Regel besitzen Bergstürze ein steiles Abbruchgebiet und ein weniger steiles, horizontales oder sogar gegenläufiges Ablagerungsgebiet (Abele, 1974, S. 79). Gemeinsames Merkmal nahezu aller Akkumulationsgebiete von Bergstürzen ist ihre innere Geschlossenheit und scharfe Umgrenzung (ebd., S. 23). Zudem weisen die meisten dieser Trümmerlandschaften ein kleinhügeliges Relief auf, welches bereits während der Ablagerung der Sturzmassen oder bei deren nachträglicher denudativer, fluviatiler oder glazialer Überformung gestaltet wurde (ebd.). Entscheidenden Einfluss auf die Gestalt des Ablagerungsgebiet hat das Gestein, während kristalline Bergstürze zur Anlage mächtiger Bergsturzkörper neigen, werden Bergsturzdecken fast ausschließlich von sedimentären Trümmermassen gebildet (ebd., S. 26).

Die Bergsturzoberfläche im Akkumulationsgebiet bietet in vielen Fällen das Bild einer sogenannten Tomalandschaft (ebd., S. 119). Hierbei handelt es sich um isolierte kegel-, pyramiden- oder dachförmige Erhebungen (ebd., S. 119). Kennzeichnend ist eine mehr oder wenige glatte Böschung mit konstantem Gefälle (ebd.).

Im Ablagerungsgebiet ist häufig eine vertikale Sonderung der Trümmer zu beobachten, hierbei liegt gröberes Material oben auf (ebd., S. 55), während die mechanisch stärker beanspruchten unteren Partien vorwiegend aus feinem Schutt bestehen (ebd., S. 56). In horizontaler Perspektive ist dagegen keine klare Scheidung von Grob- und Feinmaterial feststellbar (ebd., S. 54). Meist lässt sich aber eine Zu- oder Abnahme der maximalen Blockgröße, sowie des Anteils der Grobblöcke an der Gesamtmasse feststellen (ebd.). Ursache hierfür ist, dass die Trümmer im Laufe der Fortbewegung immer stärker zerschlagen werden, weswegen mit zunehmendem Abstand vom Abbruchgebiet eine Abnahme der maximalen Blockgröße zu beobachten ist (ebd.). Natürlich gibt es auch Ausnahmen, wenn große Blöcke während der Massenbewegung auf den Schuttmassen schwimmen (ebd.). Bei kleineren Bergstürzen oder Felsstürzen ist dagegen zu beobachten, dass es eine deutliche Grobblockanhäufung am Haldenfuß gibt, während die übrige Halde von feinerem Schutt bedeckt ist (ebd., S. 55). Als Ursache dafür nimmt Abele an, dass sich die Trümmer nicht als einheitlicher Schuttstrom bewegen, sondern es sich um ein: „… Zutalstürzen und rollen vieler einzelner Blöcke." handelt (ebd.). Dadurch ist die mechanische Beanspruchung verringert und das Material wird durch die Bewegung nicht umfassend zerschlagen.

Durch unterschiedliche Geschwindigkeiten innerhalb der Trümmermassen, sowohl in vertikaler Hinsicht, als auch im Quer- oder Längsschnitt, werden längs und quer zur Schussrichtung liegende Wälle, Mulden und Stufen gebildet (ebd., S. 76). Dieses kann bis hin zur Anlage mehrerer, direkt hintereinanderliegender Brandungswälle gehen (ebd., S. 79). Verantwortlich dafür sind die unterschiedlichen Bewegungsraten der oberen und unteren, der peripheren und zentralen und der hinteren und vorderen Partien der Trümmermassen (ebd., S. 77, 78). Diese haben ihren Ursprung in der erhöhten Reibung der Sturzmassen am Untergrund bzw. an den Talflanken, wodurch die unteren bzw. randlichen Teile der Sturzmassen stärker abgebremst werden als die oberen bzw. mittleren (ebd., S. 78). Wenn die Trümmer in der Bergsturzmitte schneller und über längere Zeit weiter transportiert werden, bspw. im Bereich einer Steilstrecke, bildet sich ein konkaves Querprofil (ebd.). In Bereichen geringeren Gefälles können dagegen der Bergsturzmitte über längere Zeit mehr Trümmer zugeführt werden als dem Rand, in diesem Fall bildet sich ein konvexes Querprofil (ebd.). Unterschiedliche Geschwindigkeit, Bewegungsdauer und Transportweite sind auch zwischen den vorderen und hinteren Partien zu beobachten (ebd.). Wird die Geschwindigkeit im Bericht von Steilstrecken gesteigert, wirkt sich dieses zunächst auf die vorderen Teile der Sturzmassen aus, wodurch die Trümmerzunge in die Länge gezogen wird, gleichzeitig nimmt ihre Mächtigkeit ab (ebd., S. 79). Bei flacheren Gefälle werden die vorderen Teile eines Bergsturzes dagegen früher abgebremst als die hinteren Teile, wodurch sich die Trümmerzunge verkürzt und ihre Mächtigkeit zunimmt (ebd.). Stellenweise konnten in den Alpen Trümmermassen mit einer Mächtigkeit von 125 m beobachtet werden (ebd., S. 21).

Generell ist im Ablagerungsgebiet der Bergstürze eine Volumenzunahme der Schuttmassen zu beobachten (ebd., S. 22 ebenso Angeli et al, 1996, S. 192), der Betrag der Zunahme ist davon abhängig, in wie weit die Trümmer ihren inneren Zusammenhalt bewahren können (Abele, 1974, S. 22 ebenso Angeli et al, 1996, S. 192). Bei starkem Zerfall in Blockwerk und Kleinschutt und die damit verbundene Auflockerung sind Volumenzunahmen um über 30% beobachtet wurden (Abele, 1974, S. 22).

Entsprechend der teilweise erreichten Geschwindigkeiten und dem Gewicht der Trümmermassen, kann es zum Aufbranden der Schuttmassen an der gegenüberliegenden Talflanke kommen (Angeli et al, 1996, S. 191). In der Literatur wurde sogar von mehrfachen An- und Zurückprallen in Form eines wechselseitigen Anbrandens der Schuttmassen berichtet (Abele, 1974, S. 83). Anhand des Beispiels des Bergsturzes vom Eibsee soll die Morphologie eines Bergsturzes veranschaulicht werden.

4.4.1 Der Bergsturz vom Eibsee

Der Bergsturz von Eibsee - Grainau ist mit einem Volumen von 300 400 Millionen m³ der größte im bayrischen Alpenraum (Jerz, von Poschinger, 1995, S. 384). Er liegt entlang einer Linie Eibsee Fernpaß Tschirgant - Ötztal, an welcher gehäuft Bergstürze auftreten (Abele, 1974, S. 9), was immer wieder Anlass zu Spekulationen gab und in der Theorie mündete, dass der Bergsturz von Köfels Auslöser für eine ganze Reihe von Massenbewegungen war (ebd., S. 63). Dagegen spricht aber die unterschiedliche Datierung der einzelnen Ereignisse, es kann aber nicht ausgeschlossen werden, dass es einen wie auch immer gearteten tektonischen Zusammenhang gibt, dafür spricht vor allem der große Erdbebenreichtum des westlichen Tirols (ebd.).

Die Hauptabbruchstelle befindet sich südlich des Eibsee, auf der Nordseite des Zugspitzmassivs im Bayerischen Schneekar (Jerz, von Poschinger, 1995, S. 384). Sie wird von den Nordabstürzen der Zugspitze und der Riffelwand eingeschlossen (ebd.). Die folgende Karte zeigt die Topografie des Bergsturz.

Abbildung 18: Topografie des Eibseebergsturz

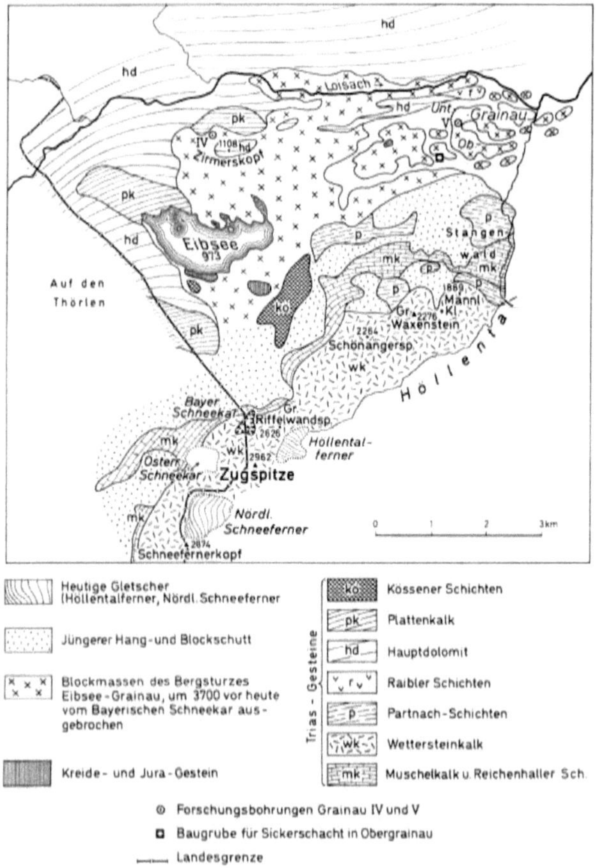

Quelle: Jerz, von Poschinger,, 1995, S. 387

Das Ablagerungsgebiet des Bergsturzes hat eine Fläche von 15 km² (ebd.), diese Tatsache betont den Zusammenhang zwischen der Größe des Ablagerungsgebietes und dem Ausgangsgestein des Bergsturzes (vgl. Abele, 1974, S. 26), im vorliegendem Fall handelt es sich um Kalkgestein (Abele, 1974, S. 53). Dementsprechend findet sich im Ablagerungsgebiet nur eine geringmächtige Bergsturzdecke, da sich die Trümmer auf eine weite Fläche ausdehnten (ebd., S. 27).

Die Bergsturzmassen erstrecken sich nach Norden weit über den Eibsee hinaus und reichen bis über das Loisachtal hinweg, an dessen Gegenhang wurden noch einzelne große Blöcke ca. 100 Höhenmeter, bis auf 800 ü. NN hochgeschleudert (Jerz, von Poschinger, 1995, S. 384). Die Ursache hierfür liegt teilweise in dem für die Sturzbahn angenommenen Höhenunterschied von 1760 bis 2260 m (ebd., S. 392). Grund für die Spannweite dieses Wertes ist der Umstand, dass die Abbruchnische nach oben nur schwer abzugrenzen ist, möglicherweise ist dem Bergsturz auch ein ursprünglicher, höherer Zugspitzgipfel zum Opfer gefallen (ebd.). Der untenstehende Schnitt durch das Bergsturzgebiet veranschaulicht dieses noch einmal.

Abbildung 19: Schnitt durch den Eibseebergsturz

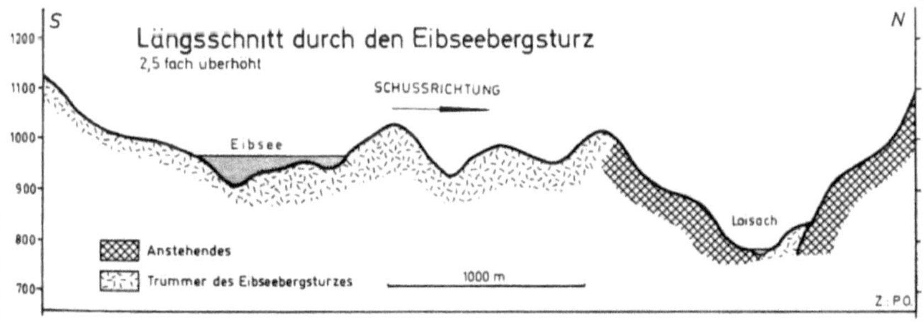

Quelle: Abele, 1974, S. 65

Der Bergsturz ging aus einer Wand im engeren Sinne ab, aus diesem Grunde wird er auch als Fallsturz bezeichnet (Abele, 1974, S. 16). Damit unterscheidet er sich von dem im weiteren vorgestellten Bergsturz von Vaiont, bei diesem erfolgte eine gleitende Bewegung, welche auch als Felsgleitung bezeichnet wird (Dikau, 2001a, S. 47).

Die nördlichsten Ausläufer des Eibseebergsturzes brandeten am Hauptdolomitrücken des Gschwandwalds auf, überquerten ihn und stürzten in das Loisachtal (Abele, 1974, S. 25).

Durch das Gefälle am Südhang des Loisachtals erhielten die Trümmer einen neuen Bewegungsimpuls, der es ihnen erlaubte an der nördlichen Talflanke aufzubranden (ebd.). Der dabei entstandene Brandungswall ist heute, durch die von der Loisach eingenommenen Tiefenzone, von der Hauptdolomitschwelle und den Haupttrümmermassen im Süden getrennt (ebd.). Nur im Osten, wo die Dolomitschwelle niedriger und somit der zusätzliche Bewegungsimpuls geringer war, liegen die Trümmer direkt am Fuß des Hanges, wobei sie ihre Verbindung mit der Haupttrümmermasse im Süden behielten (ebd.). Auch im Westen kamen einzelne Trümmer direkt am Fuß des Südhanges des Loisachtals zur Ruhe, allerdings aus anderen Gründen (ebd.). Die Schwelle wird hier immer höher, weswegen immer weniger Trümmer sie überwinden konnten, auch der größere Höhenunterschied der Steilstufe reichte nicht mehr aus, das Material am Gegenhang aufbranden zu lassen (ebd.).
Neben dem Höhenunterschied gibt es noch einen anderen begünstigenden Faktor für die große Reichweite von 10 km. Dass an der Basis der Sturzmassen Seetone zu finden sind, spricht dafür, dass die Bewegung zumindestens teilweise auf Seetonen erfolgte (Jerz, von Poschinger, S. 393). Das in den Seetonen enthaltene Porenwasser dürfte beim Aufprall der Bergsturzmassen zu einem Porenwasserüberdruck und dadurch bedingt zu einer Herabsetzung der Reibung geführt haben (ebd. vgl. Erismann, Abele, 2001, S. 204). Allerdings wirft diese Theorie die Frage auf, ob der Eibsee bereits vor dem Bergsturz bestand oder nicht, im weiteren wird hierauf noch einmal eingegangen.
Im Bereich des Zirmerskopf traf das Bergsturzmaterial im stumpfen Winkel auf eine West-Ost verlaufende Felsschwelle (Jerz, von Poschinger, 1995, S. 384), dabei wurde lockerer Hauptdolomitschutt aufgenommen und in die Wettersteinkalktrümmermassen eingeschlossen, sodass das Ende bei Grainau von Dolomitschutt durchsetzt ist (Abele, 1974, S. 58). Zudem wurden die Bergsturzmassen an dem Querrücken Zirmerskopf - Höhenrain zu großen Teilen nach Osten abgelenkt (Jerz, von Poschinger, S. 384).
Das Ausgangsmaterial Wettersteinkalk zerfiel während des Sturzes in massige, stumpfe und plumpe Blöcke, welche in ein weißes sandartiges Zwischenmittel eingebettet sind (Abele, 1974, S. 53). So finden sich im Ortsgebiet von Grainau grobe Blockmassen, welche am Geländerelief leicht zu erkennen sind (Jerz, von Poschinger, S. 384). Aus dem in der Sturzbahn anstehenden Gestein wurde Material mitgerissen und in der Bergsturzmasse mitgeführt (ebd., S. 389). Das Bergsturzmaterial weist Korngrößen von der Sand-, Schluff- oder Tonfraktion bis hin zu Blockgrößen, von Felsblöcken bis zum Gesteinsmehl auf (ebd., S. 386). Es ist im Allgemeinen ungeschichtet, schlecht sortiert und eckig bis kantengerundet (ebd.). Grobe,

mehrere kubikmetergroße Blöcke schwimmen vielfach auf stärker zerkleinerten Blockmassen (ebd.). Die grobblockige Oberfläche der Trümmermassen wird durch Verwitterung und Denudation nur langsam geglättet, die „... Grobblockstreu wurde deswegen nur wenig gemildert“ (Abele, 1974, S. 94). Zugleich ist das Lockermaterial des Bergsturzes stark wasserdurchlässig, sodass es im unteren Teil der Trümmermassen zur Bachversickerung ohne Seenbildung kommt (ebd., S. 125).

Für den Eibsee nehmen Jerz und von Poschinger an, dass er bereits vor dem Bergsturz bestand (Jerz, von Poschinger, 1995, S. 391). Er wurde demnach vom Loisachgletscher in einer, aus vorwiegend mergeligen Gesteinen bestehenden, geologischen Mulde ausgeschürft (ebd.). Das Eibseebecken wurde vom Bergsturz überrollt, größere Wassermassen durch die Sturzmassen verdrängt (ebd.). Das ursprünglich größere Seebecken wurde dabei vor allem auf seiner Ost- und Nordseite von den Sturzmassen teilweise aufgefüllt, dies zeigen die buchtenreichen Seeufer und abgetrennte kleine Seen, welche zugleich eine größere frühere Ausdehnung erkennen lassen (ebd., S. 392). Im Seebecken bilden die Blockmassen ein unruhiges Relief, stellenweise ragen Bergsturzblöcke als Inseln weit über die Wasseroberfläche auf (ebd.). Abele dagegen geht davon aus, dass sich der Eibsee nach Ablagerung des Bergsturzes hinter der Schuttbarriere bildete (Abele, 1974, S. 121). Diese Position wurde auch in der Diskussion dieser Arbeit im Oberseminar vertreten.

Lange Zeit wurde für den Eibseebergsturz ein Alter von mehr als 10 000 Jahren angenommen, sein Niedergang wurde direkt mit dem Abschmelzen der Gletscher am Ende der Würmeiszeit in Verbindung gebracht (Jerz, von Poschinger, 1995, S. 392). Als Ursache wurde die bereist angesprochene Theorie vom Verschwinden der Gletscher als Widerlager angenommen (ebd.). Eine C^{14} Datierung von, bei Bohrungen in den Sturzmassen, gefundenen Holzresten ergab dagegen ein Alter von rund 3700 Jahren (ebd., S. 390).

So wie das Alter, gab auch die Ursache Anlass zur zahlreichen Theorien, insbesondere nachdem die Idee des fehlenden Eiswiderlager ausscheidet. Abele spricht 1974 von möglicherweise tektonischen Bewegungen als Ursache (Abele, 1974, S. 60). Dieses wird auch von Jerz du von Poschinger in Betracht bezogen (Jerz, von Poschinger, 1995, S. 392). Allein aus dem 20. Jahrhundert sind für das Gebiet fünf Beben bekannt (ebd.). Eine andere Theorie stellt eine mögliche Permafrostdegration, zu Zeiten des sogenannten postglazialen Wärmeoptimums, in den Mittelpunkt, demnach könnte der Verlust bindender Eisbrücken sowie eine grundsätzliche Veränderung der Hydrologie eine Ursache für den Bergsturz gewesen sein (ebd., S. 392). Grundsätzliche Voraussetzungen für den Bergsturz sind wohl aber in den langfristig erfolgten

Materialermüdungen und Lastumlagerungen an der extrem hohen und steilen Zugspitznordwand zu sehen (ebd.).

4.5 Sekundäre Gefahren von Bergstürzen

Durch die Ablagerung der Bergsturztrümmer im Akkumulationsgebiet können weitere Folgeerscheinungen ausgelöst werden (Abele, 1974, S. 120). Zum einen kann die Trümmermasse selbst Ausgangspunkt für weitere Massenbewegungen sein (ebd., S. 93). Zur horizontalen Umlagerung von Teilen des Bergsturzkörpers kann es bspw., wie am Beispiel des Bergsturzes von Köfels gezeigt, durch Murgänge kommen (ebd.). Eine andere Möglichkeit ist, dass das aufliegende Gewicht der Trümmer weitere Rutschungen in Bewegung setzt oder die Trümmerkörper selbst Steilhänge besitzen, welche Ausgangspunkt für weitere Felsstürze sein können (ebd.). Andere sekundäre Gefahren sind die Aufstauung von sogenannten Bergsturzstauseen (Erismann, Abele, 2001, S. 285) oder die Auslösung von Flutwellen in, bereits im Ablagerungsgebiet bestehenden Seen (ebd., S. 277). Beide Möglichkeiten sollen im Folgenden näher betrachtet werden.

Die durch Bergstürze aufgestauten Seen bergen ein besonderes Gefahrenpotenzial in sich. Der Ausfluss aus ihnen erfolgt nicht immer nur allmählich, sondern auch in Form rasch verlaufender Ausbrüche, bei denen z. T. mehr zerstört wird als bei den Bergstürzen selbst (Abele, 1974, S. 124). Zum Teil lassen sich die Folgen dadurch mildern, dass der Ausbruch nicht unmittelbar im Anschluss an den Bergsturz erfolgt und somit bspw. Zeit für eine Evakuierung der betroffenen Gebiete bleibt.

Anders verhält es sich für durch Bergstürze ausgelöste Flutwellen, diese sind unmittelbar mit der für sie ursächlichen Massenbewegung verbunden. Ein Beispiel für solch ein Ereignis ist der Bergsturz bzw. die Felsgleitung am Monte Toc, in den italienischen Alpen (Abele, 1974, S. 120), welcher abschließend vorgestellt werden soll.

4.5.1 Der Bergsturz von Vaiont

Dieses Beispiel zeigt die Wirkung und die Möglichkeit der Potenzierung des Schadens durch anthropogene Eingriffe (vgl. Abele, 1974, S. 89). Hauptursache für die Naturkatastrophe war die Anlage eines Stausees im Vaionttal, wodurch sich die Hanghydrologie und die im Hang wirkenden Kräfte änderten (Dikau, 2001a, S. 47).

Die steilen Talwände setzten sich aus Schichten von Kalkstein und Schiefer zusammen, zudem waren sie stark zerrüttet und deformiert, teilweise öffneten sich auch Spalten in Richtung des Wasserreservoir (Christopherson). Die Steilheit der Talhänge verstärke die Wirkung der hangabwärtswirkenden Kräfte (ebd.). Zusätzliche Probleme entstanden dadurch, dass die Tonmineralien des Schiefers bei Wassersättigung dazu führen, dass die Kohäsion der Schieferschichten reduziert wird (ebd.).

Durch das Aufstauen des Vaiontspeichers drang Wasser in die Klüfte ein und erhöhte die Mengen an Kluft- und Porenwasser (Abele, 1974, S. 64). Dieses zeigte sich durch immer wieder auftretende kleinere Steinschläge und Risse am Hang (Dikau, 2001a, S. 47). Bereits im Jahr 1960 wurden Experten alarmiert, als nach einer ersten versuchsweisen Befüllung das Kriechen einer großen Hangmasse beobachtet werden konnte (Erismann, Abele, 2001, S. 60). Die Geschwindigkeit lag bei 40 mm/Tag, stellenweise auch bei 80 mm/Tag (ebd.). Ursprung der Masse waren zwei Spalten am nördlichen Hang des Monte Toc (ebd.). Nachdem das Wasser zum Teil aber wieder abgelassen worden war, verlangsamte sich die Geschwindigkeit der Bewegung auf 1 mm/Tag, wodurch bei den verantwortlichen Stellen, der Eindruck einer beschränkten Bewegung, welche nun ihr Gleichgewicht gefunden habe entstand (ebd.). In den Jahren 1962 und 1963 wurde deswegen begonnen, den Wasserspiegel im Stausee schrittweise anzuheben (ebd., S. 61), zwar wurden immer wieder Bewegungen der Hangmasse mit Geschwindigkeiten von 10 mm/Tag (1962), 3 mm/Tag (Mai 1963) und 5 mm/Tag (ab Mai 1963) gemessen (ebd., S. 64), allerdings konnte sich niemand vorstellen, dass die kriechende Masse ihre Bewegung sprunghaft steigern könnte (ebd.). Stattdessen wurde an der Idee einer Stabilisierung der Situation durch ein allmählich Befüllen des Stausees festgehalten (ebd., S. 61).

Am 10. Oktober 1963 versagte die Talflanke des 2000 m hohen Monte Toc (Dikau, 2001a, S. 47). Die daraus resultierende Felsgleitung mit einem Volumen von ca. 270 Millionen m³, welche die Maße 2 km x 1,6 km und 150 m Dicke hatte, (Christopherson) bewegte sich auf einer glatten Gleitfläche (Abele, 1974, S. 16) mit einem durchschnittlichen Winkel von 37°, welcher aber z. T. auch 45° bis 50° betrug (ebd., S. 21), mit ca. 108 km/h in den aufgestauten See und brandete auf der gegenüberliegenden Talseite 140 m bergauf (Dikau, 2001a, S. 47). Abele dagegen spricht von nur durchschnittlich 36 km/h (Abele, 1974, S. 65), Erismann und Abele geben in ihrem Buch dagegen 72 km/h an (Erismann, Abele, 2001, S. 64) das Ergebnis ist aber in beiden Fällen dasselbe.

Beim Eindringen in den See wurden ca. 48 Millionen m³ Wasser verdrängt, diese stiegen am Gegenhang der Massenbewegung 230 m über den damaligen Wasserspiegel des Stausees auf (Abele, 1974, S. 120) und zerstörten die Stadt Casso (Dikau, 2001a, S. 47). Ein Teil der Fluten wurden anschließend talaufwärts abgedrängt, die Hauptmasse mit ca. 25 Millionen m³ schwappte aber mit einer Höhe von bis zu 245 m 100 m hoch über die Staumauer, welche erhalten blieb, und ergoss sich in das Piavetal (Abele, 1974, S. 120). Die Ortschaften Longarone, Pirago, Villanova, Rivalta und Fae am Ende der Schlucht wurden von einer z. T. 69 m hohen Flutwelle getroffen (Christopherson) und vollständig zerstört, wobei 3000 Menschen getötet wurden (Dikau, 2001a, S. 47). Die untenstehende Karte zeigt die Topografie der Katastrophe.

Abbildung 20: Karte der Vaiontkatastrophe

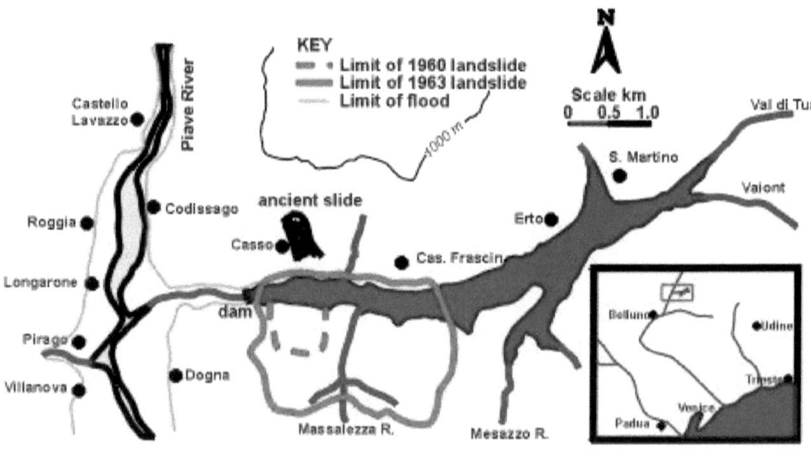

Quelle: http://www.geocities.com/geogsoc2000/vaiont2.jpg

Im Anschluss war eine über mehrere Jahre andauernde Steinschlagtätigkeit zu beobachten (Abele, 1974, S. 91).

Die Rutschungsscholle ist nicht oder nur wenig zerfallen (ebd., S. 57), hauptsächlich wurde nur das Kluftsystem erweitert (ebd., S. 51). Dadurch, dass der innere Zusammenhalt der Scholle erhalten blieb (ebd., S. 22), ist z. B. eine in die Talfahrt einbezogene Schlucht, auch im Ablagerungsgebiet noch zu erkennen ist (ebd., S. 13). Auch das ursprünglich, auf dem Bergsturzrücken transportierte Material, wie bspw. Moränenbedeckung, Bodenkrume oder Reste der ursprünglichen Grasnarbe, ist noch erkennbar (ebd., S. 57). Obwohl die Scholle in ihrem Verband weitestgehend erhalten blieb, kam es intern zu vertikalen Umlagerungsbewegungen, Zeichen dafür sind kreisförmige Trichter, welche sich bildeten, als oberflächiger Lockerschutt in Hohlräume innerhalb oder unterhalb des Bergsturzkörpers oder dessen Untergrund stürzte (ebd., S. 92).

Mit Blick auf Naturkatstrophen wie die von Vaiont stellt sich natürlich auch die Frage nach Schutzmaßnahmen. Mögliche vorbeugende Maßnahmen werden in aktiven und passiven Schutz unterteilt (Moser, 1999, S. 97). Aktive und ingenieurbiologische Maßnahmen (ebd.) sind bspw. Verbauungen mit Barrieren oder Anlage von widerständigen Vegetationszonen bspw. Wäldern. Passive Maßnahmen sind dagegen entsprechende Rechtsnormen zur Nutzungsregelung gefährdeter Gebiete (ebd.). Daneben hat natürlich auch die Überwachung gefährdeter Hänge und möglicher Auslösungsmechanismen große Bedeutung (Moser, 2004, S. 112).

5. Fazit

Massenbewegungen gehören in den Alpen zu den naturgesetzlichen Prozessen. Ihre Ursachen sind teilweise bereits in der Entstehungsgeschichte der Alpen begründet. Andere Faktoren, bspw. klimatologische, können auch anthropogen beeinflusst werden. Ein Beispiel dafür ist die Permafrostdegration aufgrund des Klimawandels.
Insbesondere Bergstürze haben wegen ihres Volumens und ihrer Geschwindigkeit ein enormes Schadenspotenzial, welches auch durch die stellenweise hohe Bevölkerungsdichte der alpinen Regionen verstärkt wird. Nicht nur der Bergsturz an sich kann katastrophale Auswirkungen haben, mit ihm sind auch zahlreiche andere sekundäre Gefahren verbunden. Dieses ist aber auch für weit weniger spektakuläre Formen von Massenbewegungen zu beobachten, die obwohl sie eher langsam verlaufen, mit schnellen Prozessen wie dem Fallen vergesellschaftet sind. Alle Arten und Formen von Massenbewegungen verdienen aus diesen Gründen ein Höchstmaß Beachtung und Überwachung, um materielle und personelle Schäden zu vermeiden bzw. zu verringern.

Literaturverzeichnis

Abele, G. (1974): Bergstürze in den Alpen. Ihre Verbreitung, Morphologie und Folgeerscheinungen.
In: Wissenschaftliche Alpenvereinshefte. Heft 25.

Ahnert, F. (2003): Einführung in die Geomorphologie. Stuttgart.

Angeli, M. G.; Gasparetto, P.; Menotti, R. M.; Pasuto, A.; Silvano, S.; Soldati, M. (1996): Rock Avalanche.
In: Dikau, R.; Brunsden, D.; Schrott, l.; Ibsen, M.-L. [Hrsg.] (1996a): Landslide Rec ognition. Identification, Movement and Courses. Chichester. S. 190-201.

Barnikel, F. (2004): Analyse von Naturgefahren im Alpenraum anhand historischer Quellen am Beispiel der Untersuchungsgebiete Hindelang und Tegernseer Tal, Bayern.
In: Göttinger Geographische Abhandlungen. Heft 111.

Bätzing, W. (2003): Die Alpen. Geschichte und Zukunft einer europäischen Kultur landschaft. München.

Becht, M. (1995): Untersuchungen zur aktuellen Reliefentwicklung in alpinen Ein zugsgebieten.
In: Münchener Geographische Abhandlungen. Reihe A. Band A 47.

Becht, M.; Hagg, W. (2000): Einflüsse von Niederschlag und Substrat auf die Aus lösung von Hangmuren in Beispielgebieten der Ostalpen.
In Zeitschrift für Geomorphologie. Neue Folge. Suppl.-Bd. 123. S. 79-92.

Bisci, C.; Dramis, F. (1996): Rock Flow (Sackung).
In: Dikau, R.; Brunsden, D.; Schrott, l.; Ibsen, M.-L. [Hrsg.] (1996a): Landslide Rec ognition. Identification, Movement and Courses. Chichester. S. 150-160.

BUMA, J.; VAN ASCH, T. (1996): SLIDE (ROTATIONAL).
IN: DIKAU, R.; BRUNSDEN, D.; SCHROTT, L.; IBSEN, M.-L. [HRSG.] (1996A): LANDSLIDE RECOGNITION. IDENTIFICATION, MOVEMENT AND COURSES. CHICHESTER. S. 43-62.

DIKAU, R.; BRUNSDEN, D.; SCHROTT, L.; IBSEN, M.-L. [HRSG.] (1996A): LANDSLIDE RECOGNITION. IDENTIFICATION, MOVEMENT AND COURSES. CHICHESTER.

DIKAU, R.; BRUNSDEN, D.; SCHROTT, L.; IBSEN, M.-L. (1996B): INTRODUCTION.
IN: DIKAU, R.; BRUNSDEN, D.; SCHROTT, L.; IBSEN, M.-L. [HRSG.] (1996A): LANDSLIDE RECOGNITION. IDENTIFICATION, MOVEMENT AND COURSES. CHICHESTER. S. 1-12.

DIKAU, R.; SCHROTT, L.; DEHN, M. (1996C): TOPPLE.
IN: DIKAU, R.; BRUNSDEN, D.; SCHROTT, L.; IBSEN, M.-L. [HRSG.] (1996A): LANDSLIDE RECOGNITION. IDENTIFICATION, MOVEMENT AND COURSES. CHICHESTER. S. 29-42.

DONIÈ, C. (1990): PARAMETER, PROZESSE UND MODELLE BEI BERGZERREIßUNGS- UND TALZUSCHUBSERSCHEINUNGEN IM HELVETIKUM VORARLSBERGS.
IN: SCHRIFTENREIHE ANGEWANDTE GEOLOGIE KARLSRUHE. BAND 8.

FISCHER, K. [HRSG.] (1999): MASSENBEWEGUNG UND MASSENTRANSPORTE IN DEN ALPEN ALS GEFAHRENPOTENTIAL - EINE EINFÜHRUNG IN DIE THEMATIK.
IN: FISCHER, K. [HRSG.] (1999): MASSENBEWEGUNG UND MASSENTRANSPORTE IN DEN ALPEN ALS GEFAHRENPOTENTIAL. SYMPOSIUM DER KOMMISSION FÜR GEOMORPHOLOGIE DER BAYERISCHEN AKADEMIE DER WISSENSCHAFTEN, MÜNCHEN, AM 24. UND 25. NOVEMBER 1995. IN: RELIEF, BODEN, PALÄOKLIMA. BAND 14. S. 1 -9.

FLAGEOLLET, J. C.; WEBER, D. (1996): FALL.
IN: DIKAU, R.; BRUNSDEN, D.; SCHROTT, L.; IBSEN, M.-L. [HRSG.] (1996A): LANDSLIDE RECOGNITION. IDENTIFICATION, MOVEMENT AND COURSES. CHICHESTER. S. 13-28.

GRUNER, U. (2008): KLIMATISCHE UND METROLOGISCHE EINFLÜSSE AUF STURZPROZESSE. IN: INTERNATIONALE FORSCHUNGSGEMEINSCHAFT INTERPRAEVENT [HRSG.]: INTERPRAEVENT 2008. SCHUTZ DES LEBENSRAUMES VOR HOCHWASSER, MUREN, MASSENBEWEGUNGEN UND LAWINEN. BAND 2. S. 147-158.

IBSEN, M.-L.; BRUNSDEN, D.; BROMHESD, E.; COLLISON, A. (1996): BLOCK SLIDE. IN: DIKAU, R.; BRUNSDEN, D.; SCHROTT, L.; IBSEN, M.-L. [HRSG.] (1996A): LANDSLIDE REC OGNITION. IDENTIFICATION, MOVEMENT AND COURSES. CHICHESTER. S. 64-77.

JARITZ, W.; REITERER, A.; SUPPER, R. (2004): GROßHANGBEWEGUNG RINDBERG (VOR ARLBERG). MULTIDISZIPLINÄRE URSACHENFORSCHUNG. IN: INTERNATIONALE FORSCHUNGSGEMEINSCHAFT INTERPRAEVENT [HRSG.]: INTERPRAEVENT 2004. VERÄNDERUNGEN IM NATUR- UND KULTURHAUSHALT UND IHRE AUSWIRKUNGEN. BAND 2. S. 173-184.

JERZ, H.; VON POSCHINGER, A. (1995): NEUE ERGEBNISSE ZUM BERGSTURZ EIBSEE-GRAINAU. IN: GEOLOGICA BAVARICA. BAND 99. S. 383-398.

KELLER, D.; MOSER, M. (2002): ASSESSMENTS OF FIELD METHODS FOR ROCK FALL AND SOIL SLIP MODELLING. IN: ZEITSCHRIFT FÜR GEOMORPHOLOGIE. NEUE FOLGE. SUPPL.-VOL. 127. S. 127-135.

MOSER, M. (1999): GROßHANGBEWEGUNGEN IM ALPINEN RAUM. VERBREITUNG-KINEMATIK-KLIMATISCHE EINFLÜSSE-KLASSIFIKATION. IN: FISCHER, K. [HRSG.] (1999): MASSENBEWEGUNG UND MASSENTRANSPORTE IN DEN ALPEN ALS GEFAHRENPOTENTIAL. SYMPOSIUM DER KOMMISSION FÜR GEOMORPHOLOGIE DER BAYERISCHEN AKADEMIE DER WISSENSCHAFTEN, MÜNCHEN, AM 24. UND 25. NOVEMBER 1995. IN: RELIEF, BODEN, PALÄOKLIMA. BAND 14. S. 97-116.

MOSER, M. (2004): GEFAHRENPOTENTIAL VON GROßHANGBEWEGUNGEN. IN: ZEITSCHRIFT FÜR GEOMORPHOLOGIE. NEUE FOLGE. SUPPL.-VOL. 135. S. 111-125.

NATIONALPARKVERWALTUNG BERCHTESGADEN [HRSG.] (2005): GEOMORPHOLOGIE DER BERCHTESGADENER ALPEN.
IN: NATIONALPARK BERCHTESGADEN. FORSCHUNGSBERICHT 50/2005. BERCHTESGADEN
ERISMANN, T. H.; ABELE, G. (2001): DYNAMICS OF ROCKSLIDE AND ROCKFALLS. HEIDELBERG.

PASUTO, A.; SOLDATI, M. (1996): ROCK SPREADING.
IN: DIKAU, R.; BRUNSDEN, D.; SCHROTT, L.; IBSEN, M.-L. [HRSG.] (1996A): LANDSLIDE REC OGNITION. IDENTIFICATION, MOVEMENT AND COURSES. CHICHESTER. S. 122-136.

SASS, O. (2005): SPATIAL PATTERNS OF ROCKFALL INTENSITY IN THE NORTHERN ALPS.
IN: ZEITSCHRIFT FÜR GEOMORPHOLOGIE. NEUE FOLGE. SUPPL.-VOL. 138. S. 51-65.

SASS, O. (1998): DIE STEUERUNG VON STEINSCHLAGMENGE UND VERTEILUNG DURCH MIKROKLIMA, GESTEINSFEUCHTE UND GESTEINSEIGENSCHAFTEN IM WESTLICHEN KARWENDELGEBIRGE (BAYRISCHE ALPEN).
IN: MÜNCHNER GEOGRAPHISCHE ABHANDLUNGEN REIHE B. BAND B 29.

SORISSO-VALVO, M.; GULLÀ, G. (1996): ROCK SLIDE.
IN: DIKAU, R.; BRUNSDEN, D.; SCHROTT, L.; IBSEN, M.-L. [HRSG.] (1996A): LANDSLIDE REC OGNITION. IDENTIFICATION, MOVEMENT AND COURSES. CHICHESTER. S. 85-96.

Internet

CHRISTOPHERSON, R. W.: VAIONT RESERVOIR LANDSLIDE DESASTER.
http://piru.alexandria.ucsb.edu/collections/geosystems/geosystems13-focus.pdf
Abruf am 02.10.2008.

DIKAU, R., STÖTTER, J., WELLMER, F.-W. & M. DEHN (2001B): MASSENBEWEGUNGEN.
IN: PLATE, E. J. & B. MERZ (HRSG.): NATURKATASTROPHEN URSACHEN, AUSWIRKUNGEN, VORSORGE. STUTTGART. S. 115-138.
http://gidimap.giub.uni-bonn.de:8080/publications/Massenbewegungen/at_download/file
Abruf am 02.10.2008.

DIKAU, R. & T. GLADE (2002): GEFAHREN UND RISIKEN DURCH MASSENBEWEGUNGEN.
IN: GEOGRAPHISCHE RUNDSCHAU 54. S. 38-45.
http://gidimap.giub.uni-bonn.de:8080/publications/Gefahren-und-Risiken-durch-Massenbewegungen./at_download/file
Abruf am 02.10.2008.

DIKAU, R. (2004): MASS MOVEMENT.
IN: GOUDIE, A. (HRSG.): ENCYCLOPEDIA OF GEOMORPHOLOGY. S. 644-652.
http://gidimap.giub.uni-bonn.de:8080/publications/Mass-Movement/at_download/file
Abruf am 02.10.2008.

HEISSEL, G. (1999): TIROL DAS LAND DER BERGE MASSENBEWEGUNGEN IN TIROL.
www.geoforum-umhausen.at/band2000/seite80-93.pdf
Abruf am 02.10.2008.

PINTER, C. (1998): TIROLER BERGGEHEIMNIS. IN: WIENER ZEITUNG. 11. SEPTEMBER 1998.
http://www.wienerzeitung.at/Desktopdefault.aspx?TabID 3946&Alias wzo&lexikon Berge &letter B&cob 7339
Abruf am 02.10.2008.

ROHN, J.; RESCH, M.; SCHNEIDER, H.; FERNANDEZ-STEEGER, T. M.; CZURDA, K. (2004): LARGE-SCALE LATERAL SPREADING AND RELATED MASS MOVEMENTS IN THE NORTHERN CAL CAREOUS ALPS.
http://www.springerlink.com/content/a4gj009nrpfackxu/fulltext.pdf
Abruf am 02.10.2008.